重要的事情放在第一位去做

江丰 著

花山文艺出版社

图书在版编目（CIP）数据

重要的事情放在第一位去做/江丰著.—石家庄：
花山文艺出版社，2019.5（2024.1重印）
ISBN 978-7-5511-4601-2

Ⅰ.①重… Ⅱ.①江… Ⅲ.①成功心理学－通俗读物
Ⅳ.①B848.4-49
中国版本图书馆CIP数据核字(2019)第073201号

书　　名：**重要的事情放在第一位去做**
著　　者：江　丰

责任编辑：杨丽英
责任校对：齐　欣
封面设计：李四月
美术编辑：王爱芹
出版发行：花山文艺出版社（邮政编码：050061）
　　　　　（河北省石家庄市友谊北大街330号）

销售热线：0311-88643299/96/17
印　　刷：三河市天润建兴印务有限公司
经　　销：新华书店
开　　本：880毫米×1230毫米　1/32
印　　张：8
字　　数：179千字
版　　次：2019年5月第1版
　　　　　2024年1月第2次印刷
书　　号：ISBN 978-7-5511-4601-2
定　　价：49.80元

前　言

有些人，明明看起来和我们一样，整天吃喝玩乐，一副游戏人间的模样，但在实际工作和生活中，他们却又和我们有着很大的不同。

工作中，他们效率高，在职场顺风顺水；生活中，他们过得有色彩，没有虚度光阴。

你知道吗？眼睛是会骗人的，你看到的现象不一定就是你所想象的那样。

你看到同事每天和你一样上班下班，觉得他和你一样平凡，但实际上，他却能及时完成工作，得到同事和领导的赏识；你看到朋友每天在追网剧、刷朋友圈，但他却能将生活处理得井井有条，过着有质量的生活。

你每天忙碌，想要通过忙碌来证明自己很优秀。但你的忙碌，没有给你带来实际上的效果，你只是看起来很忙而已。

那些比你优秀的人，他们看起来很轻松，仿佛工作和生活从来就没有为难过他们。你不知道的是，其实他们也有忙碌的时候。只是他们有明确的管理方法，懂得将重要的事情放在第一位，会合理安排好自己的时间，把重要的事情做好了，再去做其他事情。

他们在生活中也会遇到困难，遇到时间不够用的情况，与我们不同的是，他们更懂得如何运用好时间，做好更多重要的事情。

工作和生活，是需要我们用心管理的：什么事情是重要的，什么事情是次要的，什么事情先做，什么事情后做。

只要你能将这些问题想清楚，你将会摆脱瞎忙的状态，你还能抽出时间做好工作和生活中的其他事情。

正如你看到的那些优秀的成功人士，他们都是管理时间的高手。只要你懂得合理安排时间，把重要的事情放在第一位，你也可以和他们一样优秀。

刚参加工作的时候，我遇到过这样的苦恼。

想要将领导安排的工作尽快做好，忙了半天，才发现领导安排的事情太多，留给自己的时间根本不够用，不知道如何区分什么事情先做什么事情后做。我只好凭着感觉，随意地把所有的事情都扛下来，努力完成它们。等最后领导检查工作时才发现，我只顾完成工作，做了一些不重要的事情，却把那些重要而紧急的事情抛之脑后了。

职场中，一个人要想提高工作效率，就必须要明白：把每分钟的时间都用在刀刃上，将有限的时间利用起来，按着事情的轻重缓急来区分，重要且紧急的事情先做，其他不重要的事情后做。

因为，人的精力是有限的。

我们每个人的一天都只有 24 小时的时间，这 24 小时如何分配，将决定我们最终会成为什么样的人。

如果你明白了时间的重要性，知道在工作中哪些重要的事情放在第一位，那请问，生活中有哪些重要的事情要放在第一位？恋爱婚姻中呢？你知道吗？

这些问题也曾困扰着我，相信也曾困扰着你。这些答案，我把它们放到了书里等你来翻阅，供你思考。

希望你看完本书后能明白或者得到启发，将书中的知识运用到实际生活中去，让它们帮助你更好地经营你的工作、生活、恋爱与婚姻。

生活是精彩的，它会给你苦难，也会给你鲜花和掌声。

有人在过着诗与远方的幸福生活；有人在过着忙碌不堪的疲倦生活；有人在工作中游刃有余；有人在工作中埋头挣扎……

相信你看了这本书后能够对这些现象了然于胸，不再困惑。如果，你甚至还能运用书中的知识，改变了自己的工作、生活、恋爱与婚姻。

我会感到很欣慰，那是我写下本书的初衷，也是我最大的期望。

朋友，感谢你的阅读。最好的风景，一直在路上。我们一起加油！

谨以此书，献给那些在人生道路上默默奋斗想要变得更好的人们，并与那些懂得自我管理不甘于平庸的人士共勉。

江丰

目　录

第一章

如何分辨重要的事情

一、集中精力做最重要的事情

人的精力是有限的，如果你能把时间合理分配，同时把事情按重要程度区分，集中精力去做最重要的事情，把剩下的时间来做其他次要的事情。

你会发现，你的效率会比平时高出很多。

晚上 12 点多了，曹哲还躺在沙发上看电视。爸爸走到他身边问他："你下个月的司法考试准备得怎么样了，有信心吗？"

曹哲不耐烦地回答："还早呢，不是还有一个多月的时间吗？到时候抽空复习一下就好了。"

"那你明天早上要参加市里的羽毛球比赛，你练习得怎么样了？现在这么晚了你不早点休息，能养足精神吗？"

曹哲说："我再看一会儿就睡了，你别管我！"

第二天，曹哲没有去参加羽毛球比赛。原来，他昨晚看电视看到凌晨两点才睡，早上闹钟响了无数遍，也没有把他叫醒。

曹哲坐在桌子上，一天也没有吃饭，羽毛球比赛他本来是可以拿到名次的，结果因为自己没能控制好时间，没能早起而错过了比赛。

爸爸以为经过这件事后，曹哲会懂得管理好时间，知道什么时候该做什么事情。可后来司法考试成绩出来后，爸爸才知道曹哲根本就没有学会。

司法考试那天，曹哲说试卷的题他压根就不会做，自己没有认真复习过，考试的时候全凭感觉瞎做了一通。

曹哲经过这两件事情后才开始反思，如果他懂得区分事情的重要性，那他也就不会两件事都以失败告终。

比如，羽毛球比赛是很重要的事情，比赛前晚他应该早睡，养足精神；司法考试还有一个月的时间，可以在这一个月里做好计划，按着计划上的规定来严格执行。

只可惜，世界上从来没有后悔药。你没有珍惜时间，好好规划，只能自尝苦果。

苏青毕业那年，应聘到一家公司上班，和她一起应聘的还有6个人，最后留下来的只有她一个人。

当6个人离开公司的时候，领导才告诉了苏青，之所以选择她，是因为她做事很聪明，懂得集中精力把领导交代的事情第一时间完成，让领导放心。

有一次，公司举行年终会议。

领导再三强调会议非常重要，所有员工必须将这件事情记在心上，任何人不准迟到，不准早退。

结果开会当天，还是有两名新员工迟到了。而苏青提前半个小时到了公司，她去会议室烧好了开水，准备好了PPT材料以及其他会议资料。

在开会的时候，每个领导讲话，苏青会将录音笔放到他们面前，并用笔将他们的说话内容记在本子上。

有人需要加开水，苏青会立即跑过去主动为其服务。其他几名新员工，则是全程目瞪口呆站在一旁，不知道要做些什么。

会议结束后，领导吩咐一名新员工把会议的简报打印一份给他看，新员工茫然地看着领导："不好意思，我忘了写。"

苏青这时走过去，把自己写的简报给了领导："领导好，我不知道具体的要求，但我也试着写了份简报，您看看，不对的话我再修改。"

领导阅读了苏青的简报后，满意地点了点头。

最后领导召集了所有新员工，对他们说了这样一番话："从这段时间，你们工作的表现来看，很明显的，苏青更符合我们公司的要求，所以很遗憾地通知你们，除了苏青外，你们被淘汰了！"

在职场上，从来就是能者居上。如果你不能高效地将工作完成，那么老板雇用你又起什么作用呢？

什么时候，该做什么事情，只有心里清楚，才不会犯错。

珺姐在一家超市上班，她是一名销售员，就在刚才她又被主管表扬了，这是她这个月以来第五次获得表扬了。

超市每天，会将每个人的销售业绩上报到群里。连续一个月以来，珺姐每天的销售量都保持在 500 元以上，其他员工却总是 100 元上下波动。

同样的卖销售产品，为什么珺姐卖得这么好呢？所有人都感到吃惊，有人甚至怀疑她上报的数据有假。

但通过查看电脑记录后，才发现珺姐的销量并没有作假。这让所有人都觉得百思不得其解，在主管的要求下，珺姐讲出了其中的窍门。

珺姐说，她的口才并没有多好。她只是在上班的时候，会集中精力，认真地去向顾客推销产品。

她不会放弃每一个顾客，不管他们有任何问题，她都会耐心地讲解，也许是她的认真和努力感动了顾客，所以她的销量会比别人多。

据主管调查发现，超市的其他员工，上班的时候心不在焉，常常借上厕所偷懒，推荐产品的时候不认真，顾客听得云里雾里。

主管严厉地批评了这样的同事，他号召大家向珺姐学习，只有集中精力，努力做好销售的本职工作，业绩才会得到提高。

一个人的精力有限，如果你做事心不在焉，或者想要一心二用。那最后，你很可能会一无所获。

集中精力做最重要的事情，让自己获得好的回报，是我们每个人最想要的结果。为了实现这个理想，你要明白：

1. 有一个清晰的目标。清晰固定的目标，能让你专心致志地投入进去，一旦你决定要做成这件事，那你就必须要心无旁骛，努力将这件事情做好。

2. 不要受他人的不良暗示。在做一件事情的时候，别人很可能会说各种尖酸刻薄，打击嘲讽你的话。这时候，你得告诉自己，不要管别人怎么说，你只需走好自己的路，与别人的言论无关。

3. 懂得持之以恒。人最怕的就是虎头蛇尾，三天打鱼，两天晒网，这样会消磨你的斗志，不要想着心情好了就拼命去做某件事，心情不好了则任其自由发展。既然决定了要做出一番成效出来，那你就要持之以恒，不轻言放弃。

　　将你顽强的毅力用在正确的事情上，好好努力，你会取得成功。同样的，集中精力做最重要的事情，你也能看到梦想开花结果的那一天。

二、分清事情的轻重缓急

每个人都想把事情做到完美，这没错。但如果你不去区分，把所有的事情都力争做到完美，这真的很难。

记者节快到了，老师叫记者团的同学们认真操办，办出一场成功的记者节晚会。当然，这个任务就落到了记者团的团长小敏身上。

小敏把几个部门的干部召集到一起开了一场会，他们都表示要尽力把晚会弄得丰富多彩。大家七嘴八舌讨论了一番后，列出了一份清单。

他们把所有大大小小的事情都安排好了，比如采购气球、购买饮料、节目表演、设备申请等等。

晚会还有两天的时间就举行了，小敏只要一下课就和同学们到教室进行布置。他们把团里所有的成员都叫了过来，扫地的扫地，吹气球的吹气球。整个场面就像过春节般，异常热闹。

其间老师来检查的时候，还对他们跷起了大指，夸他们做事认真。老师嘱咐小敏，如果筹备期间遇到难题了可以随时找她。小敏信心满满地说没有问题，所有要做的事情她都已经处理好了。

结果晚会那天，老师非常生气。

因为小敏的失误，晚会不能如期举行。

原来，小敏他们一直在忙于安排晚会的事情，却没有和值班门卫说好把钥匙给他们。

刚好晚会那天又是周末，值班人员放假，他们不能直接进入教室。

等老师联系好保卫处送来备用钥匙后，老师发现了一个更严重的问题：小敏竟然没有邀请领导嘉宾，也没有对外宣传。这让老师很是失望。

晚会就是要给别人看的，如果嘉宾和领导都没有，晚会又有什么意义呢？

其实，小敏他们犯了一个错误，他们认为所有的事情都是重要的，而忽略掉了最重要的事情，那就是晚会首先要有嘉宾，然后要有内容，最后要有细节。

可是，他们没有分清主次，胡子眉毛一把抓，把事情办砸了。错在他们，难怪老师生气了！

小芸说大学的一次经历，让她很受用，她从中明白了一个道理，那就是不管做什么事情，一定要找到最核心、最关键的部分，这样才能成功。

当时，老师为了让他们领悟陪伴和引导的重要性，给他们弄了一场心理游戏"盲人扮演"，就是同学之间，一个人扮演盲人，另一人扮演帮助盲人，在教室内模拟横穿马路和校园内过桥等活动。活动规定从教室出发，绕着操场一圈，哪一组先回到讲台就是赢家。

全班 60 人，两人一组，分组进行，谁当盲人谁当助盲人，可以自由选择，但盲人活动期间不认识助盲人，也就是说，对于盲人来讲，助盲人是个陌生人。

而且活动期间，盲人和助盲人不管遇到什么危险都不能说话，只能拍手或者跺地示意。当然，观众也不可以说话。

小芸选择了当助盲人，活动一开始她就紧紧地抓住盲人的手，快步往前走。她觉得这样能给对方安全感，而且也一定会第一个返回教室，拿下冠军。

看其他的同学，则表现各异。有的是盲人走得快，助盲人走得慢；有的是盲人东摸西摸，没有安全感；有的则是帮助盲人东看看西看看，想办法给盲人有所提示。

操场上有老师提前摆放好的座椅、板凳以及其他的障碍。组员们必须共同跨过这些障碍，返回教室讲台才算成功。平坦的路上还好，一遇到阶梯、座椅等情况，所有的盲人都会慢慢摸索，急坏了助盲人。

最后的结果，令小芸很尴尬。因为所有人都回到教室讲台了，她却还在教室门口。老师和同学们一直眼神鼓励，她才和对方完成游戏。

游戏完成后，第一队走完全程的队员总结发言，盲人一方说她一直走得很慢，而她的队友一直在旁边慢慢地走，她不知道对方是谁，但是她相信对方会一直陪着，是这种信任感让她后来放开步子往前走，第一个回到了讲台。

老师后来总结说，没错，这个活动需要注意到很多，但最重要的是让盲人信任自己。如果助盲人只顾一个人快步走，把任务都留给盲人一方去完成，那么自然会拖后腿。

如故事所言，很多时候。一项事情有很多小节组成，但我们不需要把每个小节都做好。我们只要把最重要、最关键的那个部分做好，反而能取到意想不到的收获。

工作第二年，罗海被学校领导安排去参加省里的一个高级教师教学培训。

领导和同事们对他充满了期待，因为他在学校表现不错，全校就只有他一个人符合培训的资格要求。但后来，他却让所有人都失望了。

他是所有参加培训的人中，唯一没拿到结业证的那个人，因为他在参加培训的过程中，犯了几个思想方面的错误。

培训第一天，主讲老师就说大家不用抄笔记，考试之前他会把资料用 U 盘拷给所有人，到时候大家背诵一下相关知识点，便可以轻松通过培训考试，拿到结业证。

为期两周的培训中，罗海在上课的时候，把所有时间都用来记老师的笔记，没有怎么认真听老师讲课。在学员讨论环节，他也没有积极参与，只是不停地去记笔记，把他认为好的观点和建议记录下来。

后来，老师和学员们去省里教育局参观学习的时候，他没有去，而是一个人待在酒店的房间，仔细看培训资料。

考试那天，老师在黑板上给了大家一个题目，让学员按培训期间所学的知识来试讲一节课。

最后，所有人都通过了。

只有罗海讲了一半时间就被老师喊停，不是因为他讲得不好，而是因为他根本没用新教的知识去讲，他只是一直在用以前的模式。老师给了他第二次机会，让他10分钟后重讲。

可惜的是，他仍然没有成功。

刚开始培训的时候，他认为培训很重要，每一部分都很重要。所以，他决定把听课的时间都用来记笔记。

讨论的时候他认为别人的观点很重要，他把分享观点虚心请教的时间用来记观点了。他认为复习很重要，所以又把去参观学习的机会给放弃了。

培训的结业考试并不复杂，罗海没有通过考试，不是他不认真，是他没有抓住重点，不知道培训中最重要的事情是什么。

培训是学知识的，而结业证就是考核的结果。记笔记这种小事根本就不用去记，而别人的观点是很重要，但是自己错在哪里，提出来让大家点评明显更为重要。

可执着的罗海，因小失大。把可有可无的事情都去做，又怎么会有精力去做重要的事情呢？拿不到结业证，只能怪他自己了。

我们要明白，生活中并不是每件事都是重要的。我们要理智地做选择，把精力和时间花在有用的地方。

1.主要的事情首先做，次要的事情后做。遇到许多事情需要我们做的时候，我们得学会分析和判断，理清思路，明白哪件事是最需要先做的，哪件事是可以放放再做的。然后，我们有次序地先把最重要的事情做好，再去做其他的事。这样有选择、有条理地做，才方便我们后期有时间去处理和完善更多事情。

2. 只做起决定作用的那件小事。许多大事都是由小事组成，如果你是一名销售员，想卖出产品又想让顾客喜欢你，还想让顾客下次再来。那你就必须得选择做最重要的那件事，也就是起决定作用的那件事。

作为销售员，技巧和产品并不是最重要的。重要的是，你为顾客服务，顾客感受到的你的热情，被你感动刚好他又喜欢你的产品，自然地他就会买你的产品，甚至还会成为你的回头客。

3. 不做可有可无的小事。有时候你会很匆忙，没有时间去顾及所有的事情。这时候，你就得有所选择，把那些可有可无的小事先从脑海里删掉。

比如，你要去外地旅游，你行李箱大可不必装上一年四季的衣服，你只需关注目的地的天气情况，带一些换洗衣服就好。

总之，生活中并不是每件事都很重要。我们要学会透过繁杂的外表，把事情简单化，去做那些真正重要，并且对我们有帮助的事情，好让剩下的时间，可以被我们好好地利用。

三、为什么说他人的话听听就好

当我们面临选择，自己没有主意的时候，听听别人的意见，能给我们一定的参考启示，有时候别人的意见甚至能让我们茅塞顿开，顺利解决好问题。

但别人的话，是否需要毫无保留地使用，还得看实际情况来定。

公司最近举行了一场文艺活动。

活动结束后，领导给任杰安排了一个任务，请他利用公众号或者其他自媒体平台将活动进行报道。

回到办公室后，任杰开始了思考。他只是听别人说起微信公众号很火，生活中许多朋友都在使用，但他自己并没有实际操作过。

感到头疼的他问起了公司的同事，同事们于是展开了下面的讨论。

"微信公众号需要大量的'粉丝'，否则传播量会很少，你还是用今日头条吧，系统会根据你的内容来自动推广，效果很不错。"

"不，你还是使用新浪微博，现在玩微博的人挺多的，只要图片好，内容不错，会有许多'粉丝'观看的。"

"你可以使用百度的百家号，被推荐的话，只要别人打开手机就能阅读！"

任杰听了同事们的意见后，头都大了。他最后用了今日头条来宣传公司的活动，可领导和同事们看后都觉得不满意。

领导问他："其他自媒体平台你都试过了吗？"

任杰摇摇头："有同事说今日头条好，我就用了它。"

"难道你就不会自己试一遍，再做决定吗？"面对领导的质问，任杰难过地回到办公室，重新寻找合适的自媒体。

他后来发现，美篇这个软件不错。用户一打开就有背景音乐，还能配上精彩的图片和文字，非常适合拿来报道公司的活动。

于是他选择了用美篇，最后的事实证明他的眼光很不错。领导和同事们都对他赞不绝口，说他的宣传很棒，值得表扬。

对于每件事情，不同的人有不同的看法。他的观点，只和他的经历、感悟有关。你需要什么，想达到什么目的，别人不一定了解。在做决定的时候，你还得问问自己的心，跟着自己的心来。

每次和孔勋聊天的时候，他都感叹说，自己的人生掌握在自己的手里，千万不要盲目听别人的话，更不要被他们的观点所左右。

现在的孔勋在北方的一所高校念研究生，今年研究生一年级。

去年，孔勋在一家国企上班。有一天，他看《中国好声音》的节目，听到某女生为了圆自己的唱歌梦，吃了许多苦，但是她却不觉得后悔。

这让孔勋很受感动，自己也有梦想，为什么不敢去追呢？

他大胆地把自己的梦想告诉爸妈，说自己要辞职考研，实现自己的研究生梦想，爸妈听了，立即叫来家里的亲戚开了一场家族会议。

有亲戚上来就问："你是不是脑子进水了，在国企上班，工作稳定生活不愁，你去考研毕业后还是要重新找工作，这值得吗？"

也有亲戚对他说："孩子，现实点吧，梦想值多少钱？你现在有吃有穿，生活过得也不错，就别异想天开了。"

不管亲人们怎么劝说，孔勋都坚定地要考研。

看他决心已定，有亲人给他建议："你可以先不辞职，一边上班一边复习，万一到时候没考上，你还能继续上班。"

所有人都说这个提议很好，孔勋迟疑了很久，最后他还是果断辞职了。

既然决定要向前出发，就一定要风雨无阻，不达目的绝不罢休。

一年后，孔勋考上了研究生。想起自己当初的决定，他感到欣喜不已。还好自己听从了内心的声音，做了明智的选择。

生活中有许多人，常常借着自己的经验丰富，便像导师般地给人乱提意见，却从不考虑他的话是否真的适合别人。

陈怡今年高考，在填志愿上面，一家人产生了分歧。

爸妈说，当今社会，女孩要有个高收入的工作，去医学院读临床专业，以后当医生会很不错。

爸妈对表妹的未来都抱有期望，希望能帮她做一个好的选择。但表妹自己却很喜欢文学，从小就有个作家梦。打算上大学选中文系，为自己的作家梦打下基础。

爸妈听了女儿的话后，很生气。一家人为此闹了许久，后来还是聪明的表哥帮大家把这个难题给化解了。

表哥对他们说："这个问题很简单，表妹完全可以在本科阶段读医学专业，毕业后考研究生，研究生阶段再选择读中文系。"

大家都为表哥的说法鼓掌，这样一来，所有人都能满意，不会继续争辩。

有时候，做决定并没有你想象中那么难，你只需将别人的话拿来参考，权衡一下其中的利弊，再思考一下是否有更好的办法。

再难的问题，都将迎刃而解。

在做选择的时候，别人的话很重要，但聪明的你要学会正确面对：

1. 别人的话，不能太过当真。你的人生，是由你自己说了算。你的决定，最后只有你自己来承担后果。别人的话，你要学会取舍，适合你的就听，不适合的你大可以一笑而过。

2. 借鉴别人的话，做适合自己的决定。完美的决定，不一定要由别人来告诉你，当你听完别人的意见，在他们的基础上做调整和补充，更适合你的决定才可能产生。

3. 自己要有主见。千万不要人云亦云，你自己是什么情况，没有人比你更了解。不管别人怎么说，你自己内心都要有明镜，做决定的时候你才不会错。

人生的路是靠自己一步一步走的，他人的话是否能锦上添花，助我们一臂之力，关键还得看我们如何抉择。

做自己该做的，选择最适合自己的，相信你一定能走好自己的人生路。

四、不要轻易把决定权交给别人

害怕做选择的人，在面临选择的时候，会把决定权交给身边的人，让他们替自己做决定。如果别人帮自己做了正确的决定，他们会很开心；一旦别人的决定不对，他们也只能看自己悲观失望。

其实，你完全可以勇敢一点儿，自己做决定。

文凤每次上街买衣服，都会让闺密帮自己选衣服。她说自己有选择困难症，面对漂亮的衣服，她只要试穿觉得合适，每一件都想买。

但让人觉得郁闷的是，每次闺密帮她挑选了衣服后，她才穿几天就会去找导购换衣服，因为她觉得闺密没有选对，还不如选最初打动自己的那件。

这一天下班后，文凤和闺密又去店里买衣服。

文凤拿着手里的几件衣服，左看右看，始终无法做出决定。她看了看闺密，对她说："我不知道该如何选，你来帮我选吧！"

闺密知道文凤有选择困难症这个毛病，同情地看了她一眼，"我帮你选了，之后可不许反悔。"

文凤使劲点了点头，闺密于是诚恳地说出了自己的看法，建议文凤买那件紫色的衣服。文凤二话不说，爽快地选了这件衣服。

衣服才买了三天，文凤就开始后悔起来，她觉得紫色的衣服并不适合自己，如果当初买那件蓝色的衣服，会更符合自己的气质。

纠结了很久，她拿着衣服去店里找服务员换了过来。闺密知道后，告诉她，以后买东西一定要有主见，想好了就不要去问别人，这样反而能买到称心如意的。

我们每个人喜欢什么，自己是最清楚的。许多时候，自己的选择更能代表自己的心声。

同事杨帆说，有些事情我们可以让别人来帮忙做决定，但有些事情只有我们自己做会更好。

有一次，杨帆和同学去电影院看电影。面对着屏幕上一大片的电影名字，同学不知道该怎样选择。

同学于是问杨帆："我们看哪一部电影啊？"

杨帆本来想看《影》，但同学说《找到你》这部电影在网上评分很高，应该会好看。

同学最后问杨帆："我没有想好，如果你想看《影》那我们就看这部吧！"杨帆沉默了一会儿，"还是你来选，我没有意见。"

最后，同学选了《找到你》这部电影。看完这部电影后，杨帆和同学都表示很失望。杨帆想，如果当初坚持自己的选择，看《影》的话，也许会是不一样的感觉。

通过这次事情，杨帆才明白了一个道理。许多时候，我们看事情的眼光本来没有错，可就是因为我们没有坚持到底，让别人替我们做了选择，从而给我们带来了遗憾。

如果你不想让这样的遗憾发生，那么你一定要记住，不要总是让别人来替你做决定，相信自己，你的眼光没有问题。

为什么不能总让别人来帮忙做决定呢？理由有以下几点：

1. 每个决定都要承担相应的后果。如果你让别人来替你做决定，就意味着无论他做了什么决定，你都要承担相应的后果。可能你当时觉得没有什么问题，但真要你承担后果的时候，你会后悔，觉得不甘心承担这样的后果。

2. 你得自己学会成长。做决定并没有多么困难，只要你仔细想好自己的目标，跟着内心的声音，大胆地做好决定就行。哪怕有一两次失败，也是你成长路上不可缺少的痕迹，从这些错误里进行反思，你会渐渐成长起来。

3. 没有人能帮你做永远正确的决定。每个人都有知识上的盲点，再优秀的人也有不知道的时候，你不能把所有的希望都寄托在别人的身上。敢于做决定，你才能独当一面。

要想告别选择困难症，让自己的每次决定都能取得理想的效果，那就从现在开始，学会自己做决定吧！

相信时间久了，你终将能自己做决定，过上自己最想要的生活。

五、你要会分辨什么是重要的事情

我们每个人都会遇到许多事情需要及时处理，如果你能迅速处理，你会觉得自己充满信心和能量。

但如果事情来了，你不知道如何取舍，手忙脚乱地一会儿处理这件事情，一会儿又去处理那件事，往往到最后一事无成，后悔不已。

大四那年，陈华做了一件让他到现在都感到后悔的事情。当时，所有同学都面临着如何选择的问题：毕业后，是选择读研究生还是直接参加工作？

陈华想了很久也没有想到答案，因为他觉得现实生活很重要，而继续读研追求梦想也很重要。最后，他决定参加考研的同时也参加国家公务员考试。

同学们听了他的决定后，给了他建议，说他这样不分情况的选择会很危险，还不如只选一件重要的事情，专心去做。

他没有听进去。后来，他考研失败，公务员在笔试阶段就直接被刷了下来。他感到很后悔，因为他明白，当时国家公务员考试是在11月左右，而研究生考试是在12月左右。这时间明显不够。

如果他先想好哪件事更重要，从而做好选择。再集中精力去做的话，说不定成功的人中就有自己。

是的。你要明白，每个人的时间是有限的。

你想两全其美，本身没有错。但你别忘了，每件事情，都是需要你付出许多精力的。如果你只是一个普通的人，为什么就不能现实些，只选择最重要的事情，一心一意把它做好呢？

刚进公司的时候，王勃说他觉得很迷茫。

公司以生产零件为主，他每天的工作就是坐在机器面前，等着产品出来，然后把产品整理好后交给主管。

他说自己就像一个机器人一样，感受不到自由。但是，他又不知道怎样才能走出这样的生活。

他当初之所以选这家公司，是看重了这家公司的福利好。包吃包住，交完"五险"后还能有一笔小存款，周末还能休息一天。

对于在深圳这样的城市来说，已经算是很好了，他没多想就来面试了。

和他一起进公司的还有同学萧勇。和他不同的是，萧勇每天都开心地上班，下班后愉快地玩耍，像不知道忧愁为何物一样的自在潇洒。王勃很不解地问他怎么会有这么好的心态。

萧勇淡定回答他，说每个人都会面临选择的问题，工作的时候最重要的事情就是把手里的事情做好，下班的时候自然能放松地度过。而至于理想，也只有先把生活过好了才能一步步地去实现。

王勃没有听懂他在说什么，他只知道自己当初来深圳是想好好打拼，追求梦想的。

可如今他上班下班，感觉非常麻木，完全找不到存在感了。第一个月发完工资，拿着手里的4000多元钱，他就坐车回老家了。

听说他回去后，先是在家当了一年的"啃老族"，之后考上了特岗老师，在一个偏僻的乡下当一名人民教师。

而萧勇在公司上了两年的班后，有了一笔存款，他拿着那笔钱和朋友在深圳开了一家小型的快递公司。

收入渐渐变好后，他贷款买了一套房子，后来又买了一辆车，不久和当地一个女孩结婚，建立了一个幸福的家庭。

多年后同学聚会上，王勃喝了很多酒，他对着萧勇说了很多内心话。他说他在老家过得不好，至今还是单身，如果当时想好自己需要的是什么，然后不断地努力，自己可能也会过上另一种生活。

如王勃的感叹一样，每个人的一生最关键的就那么几年，如果能在那几年内做出最重要的选择，在心里有个规划，分清先做哪个后做哪个，那么人生怎么会稀里糊涂地度过呢？

人最怕的就是三天打鱼，两天晒网。有时候，你突然雄心大发，对某件事有了详细的规划，发誓不管多么困难，都一定会竭力完成，像被打了鸡血一样，充满了斗志。

可才不过几天的时间，你就开始泄气了。把之前的宏伟目标贬得一文不值，你甚至怀疑自己当初发什么神经，竟然要求自己去实现那不可能的梦想。

看，你自己把自己打败了，谁还能帮你？

同事林珊就是这样的一个人。她看到美食就不能自已，把自己吃出了水桶腰，照个相都要费尽心思用 PS 把身材修得完美好看。

"胖"在她那里是个禁词，只要你敢对她说出这个字，那恭喜你，她会追着你满街跑，直到你认错为止。

有一次，她在商场看中了一件衣服。试穿了几次都穿不上，她发誓一定花一周的时间来减肥，然后买下它。

刚开始的三天，她真的是对自己严格要求。每天只吃蔬菜，最爱的肉类食物，她看都不看一眼，而且她还坚持慢跑。连我们故意吃美食逗她，她都不为所动。

我们对她的减肥充满了期待，因为她很少能长时间的坚持做一件事。

可第四天，她突然点了好多高脂肪的食物，大口吃了起来。我们惊讶得一句话也说不出来。这丫头难道不减肥了？

大快朵颐后，她沮丧地告诉我们。她当时也只是心血来潮，并不可能真的去减肥。她决定还是要回到以前的生活，该吃就吃，不去理会胖瘦的问题了。

有人说，如果你连自己的身材都管不好，那么，你的人生也很难管好。这话虽然不全对，但也对我们有所启发。

很多时候，我们的精力有限，只能把精力花在最有必要的事情上，才是最明智的选择。人最怕的就是，你前晚想好的万种计划，明日后全部成空。

道理我们都懂，但真正能做好的，却没有几个。只有把道理结合在做事的过程中，我们才会有所收获。

你说减肥要持之以恒，可是你做到了吗？你说梦想要努力耕耘，可是你耕耘了吗？重要的事情，你分辨清楚了，那就不能只是说说而已，而是要排除万难，把它做好。

那么，我们要怎么去分辨什么才是重要的事情呢？

1. 从你最需要的角度考虑。比如你现在有两件重要的事情需要立即做，一是去参加公司的面试，二是去驾校报名考试，这两件事你都很喜欢，而且只能同一天进行。这时候，你就可以想一下，哪一件事情的结果是你最想要的。

如果你目前需要的是工作，那么你可以选择去参加公司的面试。如果你对工作不感兴趣，觉得自己最需要的是有驾照，以后好开车，那么你完全可以直接去参加驾校的报名考试。

2. 从自己的身份去考虑。比如领导现在要求你去银行取钱，而你自己又想去买早餐吃。这两件事，哪个是最重要的呢？

你可以想想，你当时的身份是什么。你是员工，以工作为重。所以，很明显，去银行取钱才是你最重要的事情。至于早餐这件事，当然只是个人的小事而已，你可以想其他办法处理就好。

3. 从你长远的打算考虑。比如你毕业后考上了研究生，同时也获得了公务员的录用通知书。一个是可以继续读书深造，一个是马上参加工作。这两件重要的事情你只能选一样，你会怎么选？

当你实在不知道怎么选的时候，你可以问问自己的内心，你人生的规划是什么？也就是说你可以从你人生的打算方面来做决定。

如果你想早日走进社会，开始独立挣钱，那么你可以选择当公务员。相反，如果你觉得自己还有其他梦想，比如继续学习以后再工作，那你就可以选择读研究生。

当然，现实生活中，我们不会只是遇到"二选一"这种简单的事情，而是多个重要的事情同时来临，这就需要我们从中一一分辨，做好最重要的选择。

这个时候，上面的方法可能就帮不到你了。那么，你可以把每件事情列出来，分析它们各自的优缺点，然后再从中选择出最重要的事情。如果这个方法还是不行的话，你就要向有经验的人请教了。

我们要学会从很多事情中分辨出重要的事情，然后再集中精力把它完成。这样一来，我们做事的效率才有可能提高，我们也才有更多的时间去做其他的事情。

六、用四象限法则管理重要事情

有时候，你觉得手忙脚乱，事情堆在手里一大堆，不知道先做什么后做什么，但又想把每件事情都做好。

结果，你忙碌了一天，发现非常重要的事情没有做，不重要的小事情却做了一大堆。

工作忙碌，却没有达成想要的目标，你不禁感到困惑，自己究竟在忙些什么。究其原因，是你不懂得合理分辨做事的先后顺序，白白浪费了时间而已。

生活也好，工作也罢。我们每个人的一天，都只有 24 小时。有的人能把工作和生活都处理得很好，不是因为他们能力过人，而是因为他们懂得管理重要的事情，知道区分每件事情的重要性，按它们的紧急程度，有针对性地进行处理。

在公司上了一个月的班后，张颖很沮丧地和同事说她要辞职。原因是她觉得公司上班太累，她常常感到自己身心疲惫，无法很好地生活。

同事听了她的话，有些不理解。张颖在办公室上班，负责公司的宣传工作。平时公司很少加班，每天朝九晚五，工作量也不大，并不存在工作太累的情况呀。

张颖举例说："你看吧，有时候我正在做一份表格，经理让我给领导打电话。我打完电话了，他又让我取快递，取完快递又有其他事情等着我……"

同事这下听懂了，"你的意思是你感觉到事情比较多，自己没有休息的时间，对吗？"张颖重重地点了下头。

"可是，你有没有思考过，你处理事情的方法有问题呢，比如你可以去取快递的路上给领导打电话，你也可以在有空的时候将表格做好呢？"

张颖疑惑地看着同事，同事微笑地告诉她："你之所以感觉忙，只是因为你不懂得管理好什么是重要的事情，该怎么运用时间合理搭配罢了。"

接着，同事耐心地给她介绍了一项管理事情的方法：四象限法则。

四象限法则是由著名管理学家史蒂芬·柯维提出的一个时间管理理论。它按一件事情的重要和紧急程度分为四个象限。

重要又紧急的事情为第一象限；重要但不紧急的为第二象限；紧急但不重要的为第三象限；不紧急也不重要的为第四象限。

根据这个分类，可以得出结论：重要又紧急的事情必须立即去做，重要但不紧急的事情可以列个计划，抽空去做；紧急但不重要的事情，可以安排别人去做；不紧急也不重要的事情，可以不做。

比如，经理让你打电话给领导是一件重要且紧急的事情，那你应该马上去做；领导让你下个月交一篇年终总结报告，属于重要但不紧急的事情，那你可以写在计划里抽空去做；领导让你取快递，属于紧急但不重要的事情，你可以安排其他同事帮忙代取；你想听歌打游戏，属于不紧急不重要的事情，你完全可以不做。

"现在明白了吗？如果你懂得将事情按重要和紧急程度分配，用四象限法则管理好它们，你便会轻松很多。"

张颖感激地向同事道谢："听了你的介绍，我现在豁然开朗。公司其实也不忙，我就不辞职了。"

许多事情，最终能取得怎样的效果，和你会不会做，以及用什么样的方法去做，有着很大关系。

只要你方法得当，你自然会有好的效率。

老杨在单位很受领导喜欢，他总能将领导交代的事情，井井有条地处理好。

有一次，有同事问他："你和我们一起上班，我们每天都觉得很忙很累，怎么觉得你很轻松，还能将手里的工作都完美完成呢？"

老杨笑着回答说："那可能是你们没有找到重点，忙得没成效吧！"

"忙还得有重点呀？"同事们好奇地问道。

"那当然，如果你们在不该忙的地方瞎忙，做无用功。那肯定是没有用的。"

见同事们茫然不解，老杨挽起袖子给他们认真讲了起来。

"比如说吧，我知道单位的简报很重要，它注重时效性，往往早上开的会，下午领导就要文章。

"我会在写活动方案的同时，就提前把活动简报的框架写好，等活动结束后，再把领导的讲话加进去。这样活动一结束，简报也能迅速写好。"

听老杨这么一讲，同事们才明白过来，难怪领导每次都说老杨的工作效率很高。原来他是把时间都用在了重要的事情上，也就是说他的忙其实是忙对了地方。

在职场上，工作效率很重要。如果你不懂得区分事情的重要性，把时间都用在重要的事情上来。

只知道眉毛胡子一把抓，忙得没有方向，到最后只能一无所有，还给人造成一副你很忙的假象。

要想忙对地方，做出实际成果，那你要懂得区分什么是重要的事情，合理安排时间，有策略地去忙，你才算忙对了地方。

拿四象限法则来说，在运用的时候，你需要注意下面几点：

1. 重要且紧急的事情，你必须要引起重视，要把它当成重要的事情立即去完成，如果不及时处理，后果会非常严重。

2. 重要但不紧急的事情，不能忽略它。虽然它看着不紧急，但如果你不重视，想着时间还早，可以拖延一阵子。一旦你有这样的思想，那等它变成重要且紧急的事情时，会让你措手不及，手忙脚乱，不知如何是好。

3. 紧急但不重要的事情，合理安排。你可以将它们安排给别人来做，这样你才能有精力去做更多的事情。

4. 不重要也不紧急的事情，可选择不做。往往是生活中我们娱乐的小事情。对于这些事情，它能让我们忘记生活和工作的烦恼，但你心里得有个数，什么时候工作什么时候休息，要有一个标准，不可在上面浪费太多的时间。

合理安排好时间，注意事情的轻重环节，你会发现你没有以前那么忙了，许多事情如你想象般运转，生活和工作将变得轻松起来。

七、如何在重要事情中做出正确选择

懂得及时做好重要的事情，你才可能去做自己喜欢的事情。如果你先做了自己喜欢的事情，重要的事情很可能会没有时间来做。

学会管理自己的时间，将重要的事情先做好，给自己留下时间去做其他不重要的事情，你的生活才能过得顺心如意。

葛丽大学本科毕业那年，她考上了老家的公务员，也考上了北方一所大学的研究生。是要去读三年的研究生还是回老家上班，当一名公务员？

这让葛丽纠结了很久，不知该如何选择。朋友们告诉她，现在大学生遍地都是，有许多重点大学毕业的大学生也很难找到工作，公务员是个很不错的职业，建议她放弃读研，参加工作。

但读心理学专业的研究生一直是葛丽的梦想，只是她也有些担心研究生读了三年后，自己还得重新找工作。到时候就业形势严峻，怕自己找不到更好的工作。

家人看她拿不定主意，建议她先参加工作。如果想读研深造，明年可以考一个在职的研究生，这样工作学习两不误。

葛丽听了家人的建议，回老家参加了工作。只是一年后，葛丽开始后悔了。参加工作的她，每天上班下班，想要抽出时间来复习考研究生，实在是一件很困难的事情。

每当她看到当年考上研究生的同学，在朋友圈晒着研究生的生活照片时，葛丽越感到后悔，要是自己当时选择了去读研究生，也能和他们一样在校园里开心地生活了。

听说公务员考研要交违约金，自己平时也有许多事情要处理，葛丽犹豫了很久，最后还是选择放弃了读研究生的梦想，老实上班，过好自己的一生。

读研究生还是工作？要想做出正确的选择，你就要明白，别人的话只是参考，你只能权衡利弊，跟着自己的心走。

如果你更想读研究生，那你大胆选择读研；如果想直接参加工作，那就放弃读研。

选你所喜欢的，你才不会后悔。

在看不到前方的路时，也许你会彷徨无助，觉得自己的路选错了，你开始怀疑自己最初的选择是否正确，但真的选错了吗？

不坚持到最后，谁也不知道结果。

孙艳在广州上了五年的班，她是公司人事部经理。本想着靠自己的双手，在广州买房生活一辈子。

有一年，她父亲生病住院，不得不请假回家照顾父亲，这一回去就改变了她的命运。

当时，初中同学李骆一直陪着孙艳在医院照顾父亲。孙艳曾经很喜欢李骆，刚好他现在还是单身，父母有意撮合他们在一起。

李骆，30岁，长相帅气，在县城的一家事业单位当办公室主任。家人对他印象不错，赞成孙艳和李骆结婚。

刚开始，孙艳还坚持说要回广州上班。家人轮番给她做思想工作，"你毕业后上班都工作五年了，凭你的收入，真能在广州买房吗？"

孙艳沉默了，她知道广州的房价很高，自己就算不吃不喝，也要几十年后才能买一套房。现在的李骆自己也很喜欢，如果留下来，选择和他结婚，自己的生活将会稳定许多。

是选择回广州继续奋斗，还是留在老家结婚生子？孙艳纠结了很长一段时间。后来，在家人的劝说下，她选择了留下来，选择留在老家，和李骆结了婚。

婚后没多久，孙艳就后悔了。小县城虽然压力小，生活稳定，但孙艳却总感觉缺了些什么，小时候，孙艳最大的梦想就是留在大城市，因为大城市的生活更便捷。婚后，她总是在想如果当初留在广州该有多好。

婚姻和个人理想相冲突的时候，该怎么抉择？你的人生，是由你自己说了算。路要怎么走，你自己想清楚了就好。

千万不要轻易听信别人的话，做出不是自己内心最想要的选择，否则最后会遗憾终身。

一个小小的选择，看似简单。但有时候，却关乎你的未来，不要想着没什么大不了，胡乱选一个就好。

做了选择，你就得承担选择背后的结果。如果你能学会如何做出正确的选择，你的生活将会过得更加轻松。

1. 估算好后果和利弊。在做选择之前，做好预测，想好你选择之后会有哪些后果。每一件事情对你来说，利弊有哪些。

比如读研还是工作？这样二选一的事情，你首先得做好估算，考虑好一旦你选择了其中一件事情后，你是否能承担它的不利后果。

2. 从利益方面来权衡。有些重要的事情，关系到你的切身利益。在选择这些事情时，你要有长远的眼光。

从短期来看，你可能会有所损失，但从长期来看，你的回报会更大。比如，换新的工作还是坚持在原来的岗位上班这样的事情，得具体问题具体分析。从你的规划和利益等个人情况来综合选择。

3. 选你最喜欢的那件事情。做自己喜欢的事情，会让你充满动力和兴趣。如果其他条件一样，但其中有一件事情是你最喜欢的，你可以考虑从兴趣出发，选你最喜欢的。比如大学读临床医学还是汉语言文学。

专业的选择将关系到你大学四年的学习和生活，如果不考虑就业和市场因素的情况，你可以选你最喜欢专业，大学期间你才不会后悔。

在人生中，有些事情不是二选一这样简单的选择。许多事情会复杂到让你不能轻易做出决定。

不管这些事情如何困难，你只要记住从你的自身实际出发，选最不让你后悔，同时又对你最有帮助的就好。

第二章

时间紧迫，做好重要且紧急的事情

一、管理好时间，做好重要的事情

懂得及时做好重要的事情，你才可能去做自己喜欢的事情。如果你先做了自己喜欢的事情，重要的事情很可能会没有时间来做。

学会管理自己的时间，将重要的事情先做好，给自己留下时间去做其他不重要的事情，你的生活才能过得顺心如意。

读大学的时候，大多数同学会有这样的经历，平时上课，不认真听讲，期末快要考试了，才感到时间紧迫，开始争分夺秒地拼命复习，希望自己能顺利通过期末考试。

虽然大多数时候，我们能侥幸通过最后的考试，但在生活中，想要通过临时抱佛脚的方式做好一件事情，却没有这么容易。

快下班的时候，领导突然找到孔欣，交代了一件重要的事情，让他回家后，写一篇重要的材料汇报，明天早上上班第一时间发给他。

回家吃了饭，孔欣打开电脑，准备先将领导交代的事情尽快完成。就在孔欣准备材料的时候，他看到手机上提示自己正在追的电视剧已经更新到了最新剧情，他高兴地拿起手机，聚精会神地看了起来。

时间不知不觉就过去了，很快孔欣看完了最新的电视剧。之后，他又拿起手机刷了下微信朋友圈，接着又玩了下抖音视频。

突然，孔欣才惊醒过来，自己的材料报告还没有开始写。看了看手机上的时间显示，已经是凌晨1点了，想着明天还要起早上班，孔欣只好安慰自己天亮早点到办公室，不吃早餐，在领导到单位之前迅速将材料写好。可第二天，孔欣迟到了。

他到办公室的时候，领导正生气地等他交资料。领导得知他昨晚并没有写好材料后，更是火大，狠狠地批评了他一顿。

领导说如果再有下次，就会直接扣掉他一个月的工资。

一个人要懂得分清时间观念，你只有先把应该做的重要事情做好了，你才有时间去做你喜欢做的事情。

如果你把顺序弄反了，吃亏的只会是你自己。

喜欢拖拉，将时间胡乱分配，等没有了时间，我们才知道后悔，这是一种很不理智的时间管理方法。

生活中有成就，会做事情的人是时间管理高手。他们懂得管理好自己的时间，做好自己认为重要的事情。

关波是一名法学专业的毕业生，大学毕业后他在一家公司上班。由于在大学期间，他忙于学习，没有时间参加司法考试。毕业后，他一直想从事律师方面的工作，但要想当一名律师，首先得参加国家司法考试，拿到律师执业资格证。

还有六个月，司法考试就要开考了。关波知道，司法考试是很难的一门考试，通过率比较低，需要花时间认真复习。

认真思考后，关波向公司提出了辞职。同事知道后，劝他不要辞职，说可以一边上班一边复习。

关波没有听同事的话，他知道自己在职复习会影响考试，如果在家全力复习会更有把握一次通过。

辞职后，关波在朋友圈发了一条动态：从今天开始，本人闭关复习参加司法考试，拒绝参加一切文娱活动。

期间，有朋友打电话邀请关波出去游玩，都被关波直接拒绝。六个月的时间，他把精力都用在了复习上。

最后，关波实现自己的心愿，通过司法考试，成功拿到了律师执业资格证。

没有一件事情，是你随便说说就能成功的。如果你想做好一件事情，你只有好好努力，才有可能实现它。

做好重要的事情，可以从学会管理时间开始下手。不要觉得时间有很多，今天做不了明天再做，明天做不了后天再做。

时间是公平的，你浪费了时间，你只能花更多的时间来弥补。

1. 学会及时处理小事。有些小事情，你现在不做，当小事变成大事的时候，你会抽不出时间来处理它们。

是的，即使是芝麻绿豆般大的事，有时也会消耗我们的精力。因此在平时的生活中，我们要养成及时清理的好习惯。

2. 不要给自己找理由拖延。许多人面对一件重要的事情时，总会给自己找太多理由，像"今天太困了，明天再做""还有时间，不急在这一时"，类似的理由听起来无懈可击，但只会让你把今天的时间白白浪费掉。

每天只有 24 小时，该做什么，你就要及时去做。千万别给自己找理由，拖延症会让你越拖延越不想行动。克服拖延的办法就是立即行动，绝不找任何理由。

3. 按轻重缓急做事。既然时间是有限的，那你就要懂得每一分每一秒都很重要，你要懂得集中精力先做好比较急的事，再去做不是很急的事。

比如，明天早上 9 点要你去医院体检，下午你要去拜访多年未见的好友，这两件事情对你来说都很重要，你必须在一天内将它们做好。

很明显，时间紧迫。你只有早上去体检，下午再拜访朋友。那今晚你就要早点休息，明天早起去医院。做好这件重要的事情后，你再去做其他的事情。

一件事情做好了，你再做其他事情才会更加游刃有余。

有人能在一天内做很多事情，有人却在一天内什么事情也没做。时间是公平的，你要好好规划，将自己的时间充分利用起来。

重要的事情，也能被你轻松拿下。你也有更多的时间，去享受生活的美好。

二、巧用二八定律做好重要的事情

当你抱怨重要的事情太多，自己的时间根本不够用的时候，你可能忘了二八定律，它是 19 世纪末 20 世纪初，意大利经济学家帕累托发明的一项法则。他认为，在任何一组东西中，最重要的只占其中一小部分，约 20%，其余 80% 尽管是多数，却是次要的，因此又称二八定律。

这是一个可以帮助你合理分配时间，做好重要事情的法宝。

只要你能学会使用二八定律，你会发现自己的时间其实有很多，你能合理利用时间做更多重要的事情。

在工作和生活中，常常有人抱怨说自己没有时间放松，更没有时间享受生活的美好，因为他们随时都处在忙碌的状态。

其实，不是你没有时间，你只是把时间都用在无足轻重的小事上了。

该你花精力去做的重要事情，你反而花的时间很少。到后面你发现时间不够，自己努力的方向错误，想重新来做重要的事情时，才发现时间不够了。

梁超今年考研又失败了，去年他已经失败了一次。这让梁超很是郁闷，明明自己花了半年的时间认真复习，为什么还是会失败？

周末，梁超和读研究生的表姐讲了心中的苦恼。表姐问他是如何复习的，于是梁超滔滔不绝地向姐姐说了自己的复习方法。

他说自己在网上报了辅导班，认真看了许多视频，做了许多真题。本以为表姐会夸他认真，对他的失败表示同情。

没想到表姐接下来的话，让梁超吃了一惊。

表姐对他说："学校指定的参考书是重点，你参考书看了多少遍呢？"梁超回答说只是粗略地看了一遍。

听了他的回答，表姐不客气地说道："研究生的考题是从指定的参考书上出的，你把大量的时间用在看视频和做真题上，却从来没有认真看过课本，你能考上研究生才怪呢！

我当年考研究生，把学校指定的参考书看了六遍，每一章每一节的知识点，我都做到基本能背诵的状态，才考上研究生的。"

梁超这下才彻底明白过来，自己没能考上研究生，是本末倒置，把时间都用在了错误的地方。

抓住重点，才是关键。如果你把时间用在了错误的地方，你注定很难取得成功。

人的时间是有限的，做好重要的事情，并不意味着要把每件事情都做好。你只需将事情最关键、最重要的部分做好，其他的小事情也会轻松处理好的。

但现实生活中，很少有人能明白这个道理。

叶萍是一家事业单位的员工。

有一次，单位要去下级单位开展一次调研活动，主任让叶萍尽快做一份活动方案出来。叶萍在办公室研究了半天，快下班了她也没有将方案写出来。

主任走过去问她怎么回事，叶萍回答说，她在网上搜索类似的活动方案，结果没有搜索出来。她在纠结是写成一篇新闻稿还是调查报告。

后来，她的思路卡住了，一直没有开始动笔写。主任听了她的话，哭笑不得。一个简单的活动方案，叶萍竟然把时间都用到无关紧要的事情上了。

主任对她说道："你把时间都浪费在了不重要的地方，难怪你写不出来。首先，你要知道我们写的是一个活动方案，涉及时间、地点、人物、内容对不对？

"你只要根据这个思路，明确我们要做什么事情以及如何做，具体包括哪些内容，将它们写出来，不就是一篇方案了吗？"

叶萍听后，有了眉目，她问主任："也就是说，先写个框架出来，再一点一点补内容？"主任点了点头，在主任的启发下，叶萍很快便将一篇方案写完了。

写完这篇方案，她前后用了不到 20 分钟。如果没有主任的点拨，即使再花 20 分钟，叶萍也不可能完成。

做一件事情，先做什么后做什么，哪部分是最重要的，将时间用在最重要的部分，你便能轻松做好这件事情。

做好一件重要事情，并没有我们想象中那么难。事实证明，用二八定律能让我们做好重要的事情。

我们只要把最重要的部分，即 20% 的部分做好，其他的事情就能够轻松做好。要如何才能用二八定律做好重要的事情？

1. 放弃把每件事情都做好的想法。一个人的时间和精力是非常有限的，要想真正"做好每一件事情"几乎是不可能的，你要趁早放弃这个想法。

与其想面面俱到还不如重点突破，把 80% 的资源花在能出关键效益的 20% 的方面，这 20% 的方面又能带动其余 80% 的发展。

2. 不要眉毛胡子一把抓。在面对一件重要事情的时候，不能自乱阵脚。今天做事情的一部分，明天又做事情的另一部分，到最后才发现自己收效甚微。

相反，要学会合理地分配时间和精力，懂得抓重点，抓关键部分。比如期末考试了，你要背诵一本书，在背书之前，你要明确知道哪些是重难点，哪些是考试会重点考查的，把这些重要部分背好，再去背诵其他不重要的部分，你才有可能获得高分。

3. 做好重点突破。二八定律告诉我们，最重要的只占其中一小部分，约 20%，其余 80% 是次要的。在做一件事情时，先想好 20% 起决定作用的是什么，找到这重要的部分，做好重点规划。

举例来说，如果你想写一篇文章。那最重要的 20% 是你的内容和思路，你得根据它们做好框架。框架做好了，你再去找文字和资料将文章完成，你会发现这样一来，你的文章能轻松写好。

重要的事情虽然很多，但合理分配时间，用二八定律将重要的部分先做好，再用剩下的时间做好其他次要的事情。

你的时间会在这样的安排下充裕许多，从而告别瞎忙，获得轻松自在。

三、学会有计划地做好重要的事情

把日程安排满满的人，一心想要把所有的事情做好，到最后才发现，自己的精力有限，最重要的事情反而没有做好。

人最怕的就是，把时间用在了错的地方。你有犯这个错吗？

周末休息，我打电话叫小范去看电影。

电影院最新上映了一部奇幻电影，这是小范最喜欢的风格，本以为他会毫不犹豫地答应。

没想到他看了看自己的日程表，回复我说他很忙，去不了。小范是个很用功的人，每天下班后他要赶5000多字的文稿，还要运营自己的公众号，最近他又在复习注册会计师考试。

我问他："把自己的时间安排得那么紧，你不觉得过得很累吗？"

他摇头叹了口气，"没办法呀，如果我不加油努力，怎么能过上自己想要的生活呢？"

一个人勤奋，是积极向上的表现，我对他的行为表示点赞。但半年后他告诉我，他后悔了。

他说，他的书稿存在许多问题，需用重新撰写；公众号运营了一年，粉丝一直在300人上下波动；注册会计师考了三次，再次以失败告终。

按道理说，他这么辛苦努力，应该会有成绩的，怎么会一件事情都没有做好呢？

他自我分析说："可能我这个人比较笨吧，笨人自然是很难做好一件事情的。"

我立即打断他："不，不是你笨。是你把时间用错了地方，你应该要有计划，先把重要的事情做了，再去做其他。"

小范一脸疑惑："可是这三件事情对我来说都重要，我想把它们都做好。"

"你要上班，每天能留给自己空闲的时间不多，为什么不把它们排个序，一件件地去完成呢？你之所以会失败，就是你不知道该怎么分配时间！"

小范若有所思地点点头，随后转过身在笔记本上写下一句话：无论如何一定要把新书写好。三个月后，小范打电话告诉我，他的新书已经完稿，出版社说三个月内将顺利出版。

接下来的几个月里，小范认真地运营公众号。在他的努力下，他的公众号粉丝很快突破了1000人。

再后来，小范请我去吃大餐，兴奋地对我说，他已经成功拿到了注册会计师资格证。他说他之所以能将这三件事都圆满完成，最大的原因是他懂得了人的精力是有限的，要学会有计划地去做好重要的事情。

每件事的难易程度不同，需要我们付出的精力也就不一样。如果你把精力平均分配，没有取得好的效果，你就应该停下来，思考一下是不是自己的时间规划有问题。调整计划，重新出发，成功才有可能在前方等着你。

先定一个可以实现的目标，对我们完成一件事情有着鼓励的作用。《为学》中有这样的一句话：天下事有难易乎？为之，则难者亦易矣；不为，则易者亦难矣。

是的，再困难的事情，只要你去做了，它就会变得简单；再简单的事情，但是你不去做，它也会变得困难。

前不久，朋友圈中的邹慧彻底火了。

瘦弱的她竟然去参加了全程 42 公里的马拉松长跑比赛，还得到了一个较好的名次。

在大家的眼里，体重 46 公斤，身高 170 厘米的邹慧是一个瘦得像"竹竿"一样的人，朋友开玩笑说看她走路，都担心她会被风吹走。

她不但参加马拉松长跑比赛？还得了好名次？

刚开始，所有人听到这消息，都惊呆了。

聚会的时候，闺密们纷纷问她："你是怎么做到的？有没有什么秘诀可以分享分享？"

邹慧看着大家期待的眼神，淡定地回答道："其实也没有你们想象中那么难。我主要是练习了一年多，每天早上 6 点早起跑 8 公里，晚上饭后再跑 8 公里。等到跑马拉松的时候，就坚持下来了。"

闺密们再次惊讶地看着她："什么？也就是说，你每天坚持跑 16 公里，还坚持了一年？"

邹慧微笑地点了头，接着解释说："不过也没有什么，其他参加马拉松比赛的选手每天跑的路程更远。你们可以每天先跑 2 公里，坚持一个月。时间久了，再逐步加重。你们也能做到的！"

有恒心的人，是从一点点坚持中积累的。不积跬步，无以至千里。重要的事情，当你把它细分为小事情，一项一项地去完成。你就会发现，很多看着很难做到的事情，其实没有想象的那么难。

再次看到同学张馨的时候，我险些没有认出来。

以前的她，130 多斤，再漂亮的衣服穿在她身上都没有原本该有的韵味，因为她身材太胖，穿什么衣服都没有型。

起初，她也想过要减肥。断断续续坚持了几个月后，她不仅体重没有减少，反而增加了几斤。

她觉得减肥真是个辛苦的体力活，打算彻底放弃减肥计划了。

有一天，她在上洗手间的时候，无意中听到单位同事在背后议论她："你们今天看到那个张馨了吗？好好的一件紫色风衣，让她一穿，简直是惨不忍睹！"

张馨本想冲上去，找她们算账。可她细想，如果上去和她们大打出手，不是说明她们对了吗？如果她们说得不对，自己又何必和她们计较。

最关键的是，自己确实挺胖的，只有自己瘦下来了，才不会被人议论。经过这次事件后，张馨决定要重新开始实施减肥计划。

她从网上搜索了很多资料，把各种减肥方式研究了一遍，最后决定采取运动＋食物的方法。

她给自己制订了一个食物疗法，具体的计划是：每天一个水果，一杯牛奶，两盘蔬菜，两碗粗饭，三份蛋白质食物；运动计划则是：每天吃完晚饭后，坚持跑 4 公里。不管风吹雨打，绝不更改。

为了严格实行好减肥计划，张馨在单位办公室的电脑桌上，以及自己的卧室里写了这样的标语：如果连身材都控制不住，你怎么能奢望控制自己的人生？

每次控制不住自己，想要点烧烤外卖，想躲在家里的沙发上追剧的时候，张馨会想起自己写下的标语，很快就压抑住了这些影响自己减肥的想法。

四个月后，张馨抱着忐忑不安的心情称体重的时候，发现自己竟然成功减掉了 15 斤，这消息让她太高兴了。

接下来的时间里，张馨再接再厉，坚持了一年后，她的体重减到了 100 斤。

难怪现在站在我面前的她，看起来身材骨感，比以前漂亮了几倍，不禁感叹：果然是瘦了颜值更高了。

听完张馨的故事，我被她的精神感动了很久。

要想做好一件重要的事情，自己不下苦功，不去好好思考该如何为它努力，只是让它停留在嘴上，你就永远不可能成功。

重要的事情，不能停留在嘴上，要把它付诸实际行动。在开始行动前，你得做好符合自己实际的计划：

1. 分配好自己的时间。当你决定要做某件事情时，你就要明白，你得把时间合理分配在上面，你才有成功的可能。什么时候你效率最高，你便可以将这个时间段拿来做最重要的事情。

2.严格按自己的计划执行。实施好计划后，不要轻易被一些突如其来的小事给影响。要抱着不达目的，绝不罢休，严格按着计划来执行。

3.懂得适当调整自己的计划。一条路走不通了，转一个弯也许就能走通。当你的计划需要调整的时候，一定要尽快调整，不要钻牛角尖，在错误的路上越走越远，这样只会害惨你自己。

重要事情，就像是要攀登一座高山。你只有学会做好计划，做好充分的准备工作，你才能成功攀到山顶。

不要觉得做计划是浪费时间，你计划做得好，重要的事情就成功了一半。

四、重要的事情挤到一起了该怎么办

我们都害怕遇到一堆事情要处理，这会让我们觉得时间不够用，也害怕凭自己一个人的能力，不能同时将它们都做好。

但许多时候，只要你思路清晰，不被表面现象所迷惑，你便不会感到害怕。当重要的事情都挤到一起了，你最重要的是保持头脑清晰，将它们一一解决。

别停留在原地，等待别人的拯救，你才是自己的救世主。

吃过饭后，去小区散步，在路上接到表弟的电话。

表弟在电话里焦虑地诉苦："快救救我吧！我好惨，都快疯掉了，许多事情都挤到了一起，我不知道该怎样面对。"

我问他发生了什么事情，他换了口气解释说："我最近在准备英语六级的考试，同时也在准备研究生考试，而我的论文初稿还没有写，明天是最后的截稿日了，关键是我现在还发着高烧。"

从表弟的话语中，我感到到了他的着急。他问我该怎么办，所有事情压得他好难受。

我突然想起毕业那年，自己去辅导机构上班的那段日子。那是我的第一份工作，却让我直到现在都记忆深刻。

我的工作是负责教小学三年级语文课，每天要做大量的备课工作，开会发言以及督导机构办公室文字方面的工作。

当时没有工作经验，每件事情都想做好，却总觉得分身乏术，又不能和别人说，只能默默坚持。

还好，我后来坚持了下来。回过头看，才发现那段日子里我成长了不少。

没有什么事情是不能克服的，即使你必须面对许多事情，你也能理清头绪，把它们全部做好。想了想，我告诉了表弟方法。

"你先把论文初稿的框架拟好，再去医院看病，等感冒好了，最后再静心复习准备参加研究生考试。

"因为论文和感冒是你目前最重要且紧急的事情，研究生考试 12 月份才开始考，你先将复习进度推迟几天，不会产生太大的影响。"

后来听表弟说，他的论文顺利过关，感冒也好了，他又过回了轻松的大学生活。

担心焦虑的你，不用害怕面对许多事情。只要你先抓住最重要最紧急的事情，再做其他重要不紧急的事情。

所有的烦恼，终究会离你而去。

去年公司培训的时候，认识了郭燕。

有一次和郭燕在一起聊天，郭燕说了这样一段话，让我觉得感同身受。她说："一个人的潜力是无限的，很多时候，只要不放弃，一个人也能做好许多事情。"

郭燕现在是一家服装店的店长，刚到服装店上班的时候。她什么也不会，上了两个月的班，她一件衣服也没有卖出去。

领导说，十天之内，如果再卖不出去一件衣服，就请郭燕自动走人。郭燕暗暗发誓，接下来的日子里，一定要努力工作，无论如何也要卖出一件衣服。

她开始认真向同事学习销售经验，下班回到家看与口才相关的杂志。终于有一天，郭燕成功地卖出了第一件衣服。

再后来，郭燕因为工作表现出色，领导提拔她为店长，负责店里进货、销售、售后、人事管理等工作。

一想着要同时做好这么多重要的事情，郭燕就觉得压力巨大。她甚至找领导说，怕自己做不了店长的工作，请领导另选高明。

领导安慰她："你不试试，怎么知道自己不能做好店长这个职位呢？"郭燕想想也是，只有亲自努力了，才知道能不能做好一件事情。

刚开始当店长的一段时间里，郭燕常常会因工作有些细节没有做好，被同事们在背后说坏话。

有员工说她学历不高，工作能力不强，根本就不能胜任店长的职位。每次听到同事们的议论，郭燕都不去辩解。

她只是要求自己，在以后的工作中要更加努力，证明给同事们看，她能当好店长。

工作一段时间后，郭燕渐渐熟悉了每一项工作流程。最后，她能把店长的工作做得游刃有余，同事们这才对她心服口服。

紧接着，服装店在她的带领下，生意变得越来越好。

通过这段时间的努力，郭燕意识到，机遇往往会和困难一起出现，只要你能通过自己的努力，克服一切困难，机遇也会跟着而来，你也会变得更加优秀。

当所有事情挤在一起的时候，有些人会手足无措，感觉这些事情太难，凭自己的能力会处理不好，因此非常担心，惴惴不安。

其实，很多事情都会有它的规律性，掌握了其中规律，你会发现事情处理起来会变得简单许多，再多的事情，你也能轻松应对。

当重要的事情都挤到一起了该怎么办？你首先要将这些事情按轻重缓急来排序，有针对性地完成它们，同时，你还需要调整心态，用一颗自信阳光的心态去将它们一一处理。

1. 不要害怕，坚信自己能行。事情再多，也会有解决的方法。你可以先想想它们之间是否有一条主线，顺着这条主线，将事情一一解决。

如果你发现自己能力不行，缺少什么能力，就花时间去弥补这方面的欠缺。只要坚信不放弃，你最后就一定能赢。

2. 保持积极健康的情绪。事情太多，每一件事情都不能糊弄，这时候你不能着急，要保持良好的心态，让自己拥有积极健康的情绪。

不管你再怎么心烦，只有"完成它们"才是唯一解决的办法。所以，试着冷静下来，排一排事情的先后顺序，按它们的难易程度将它们一一做好。

3. 把它当成锻炼的机会。许多事情要你同时处理，说明这是证明你能力的好机会。你也可以把它们看成是锻炼的机会。

积极想办法，好好把握这次锻炼的机会。等你熬过去了，你会感激这次经历，是它们让你蜕变和成长了。

　　重要的事情挤到一起来，不要害怕，把它们看成是一个契机，是让你突破现有的自己的机会，向完美的你迈进。你就会和这些事情愉快相处，最后将它们全部圆满解决。

五、重要的事情先做，你能更高效地工作

高效率地完成工作，能让你在职场更加游刃有余。但如果你不知道怎样高效率地工作，你将会陷入拼命工作，却收获很少的僵局。

要怎样才能高效地工作？

有人说，一项工作做熟悉了，自然就能高效率地完成。事实真的如此吗？有时候，高效率和熟悉度并没有多大关系，而是和你做事的先后顺序有关。

周一早上，安然刚到办公室，主任就把她批评了一顿。主任说她上周交的一篇文章有些地方不对，需要重新修改。安然听完领导的话，立即打开电脑，准备修改。

过了两个小时，主任走到她身边，问道："修改了这么久，你都修改好了吗？"

安然头也不回地回答："我简单修改了一下，有几张图片的格式有问题，我还在修图，过一会儿改好了我发给您。"

这时，安然的电话响了，对方说她的快递包裹已经到了单位楼下，请她去取。她挂完电话，迅速跑去取快递。坐电梯的过程中，

她突然想起自己的充电宝坏了，又转回去，到单位楼下的商店买好了充电宝。

回到办公室，安然抬头看手机，发现已经中午 12 点，吃饭时间到了。于是她和同事去单位食堂吃饭。吃完饭回来，她趴在桌子上午睡了。

不知什么时候，主任走到她身边，拍醒了她："安然，我早上让你修改的稿子呢？改好了吗？"

安然揉了揉眼睛，回答道："我还没有，我……早上去拿快递，然后买充电宝，接着吃饭睡午觉，所以还没来得及修改。"

主任盯着她看了几秒，生气地朝她大吼："这篇文章是我下午要用的，你说让我等你我就一直在等你，结果你却因为其他无关紧要的小事情把这事耽搁了。关键是你还不告诉我，难道你分不清轻重吗？"

安然红着脸听完主任的训斥，随即准备打开电脑修改。主任回头对她说："别改了，直接发给我吧。以后记住了，首先要做重要的事，而不是去做琐碎的事。"

重要的事情做完了，你才有时间去做其他事情。如果你颠倒了顺序，先去做其他琐碎的小事，那你怎么能保证有时间做重要的事呢？

吃过饭后，喻龙和朋友在阳台上喝酒聊天。他颇有感慨地说，做好工作细节，才能做好重要的事情。

喻龙是一家公司的经理，他公司的许多员工常常会在职场上犯一个毛病，觉得只要自己在本职工作上正确地做事就好了，很少去想自己是不是可以有更好的方法去做事。

有一个叫小金的员工，每天第一个到公司，最后一个离开。他在公司负责资料整理的工作，工作中没有过多的表现。

有一天，小金突然走到朋友的办公室说要辞职。朋友问他工作好好的，怎么会想到辞职。小金轻声地回答："我感觉在公司上班没有多大意思，发挥不出我的价值。"

朋友问："你想要什么价值？"小金低着头，没有回话。

于是朋友调出了小金的资料，主管对他的评价是工作小心谨慎，工作能力还需提高。朋友走到小金的办公桌，发现他办公桌凌乱，电脑上的资料也排列得很乱。

于是朋友对他说："你知道吗？一个员工想高效地工作，细节很重要。你看你的办公桌凌乱，电脑上资料也没有好好整理，你能高效地工作吗？

"你工作上没有出过什么错，说明你一直在做正确的事。人们常说'金子总会发光的'，但是你没有让我们看到你的光芒，说明你没有将事情做到完美。"

小金听了后，羞愧地点了点头，他收回了辞职报告，承诺会好好工作，让自己早日发光。

许多时候，人们忘了，做正确的事比正确地做事更重要。

你只有确保自己是做正确的事，你才不会做完一件事，发现它不重要，自己是在浪费时间。

也只有这样，你才能将自己的工作做到完美。比如说，收拾好自己的办公桌，整理好自己的电脑文件，这些小事就是正确的事，你不能因为它们小，就忽略它们。

只要先将它们做好，你才会有更多的时间去做更重要的事情。

在职场中，公司会要求员工们要按照工作内容制订适用、合理的工作计划，然后再根据计划逐一去完成。这就是做正确的事而不是正确地做事。

时间管理的精髓是：分清轻重缓急，设定优先顺序。

在有限的时间内做重要的事，而不是让一些无关紧要的事影响工作时间，如 QQ 或电话闲聊、上网等。

做事高效的人都懂得，分清事情的主次，全心全力做好重要的事情。在工作中，每一天的工作任务可能有很多，高效地完成重要的事情，你才可能有时间去完成其他小事，从而漂亮完成工作，被领导赏识。

1. 确定这件事是否由你来完成。职场中每个人的分工不同，如果领导已经点名了这件事必须由你来完成，那无论你当下在做什么，你都应该先放下手里的事，赶紧把它做好。

2. 抓住重点，高效突破。重要的事情都有它的规律，在做之前试着学会思考，是否有更好的方法，只要你善于总结和发现，你就知道只要抓住了重点，重要的事情也能轻松完成。

3. 做能给你最大回报的事情。无论你做什么，用 80% 的时间做能带来最高回报的事情，而用 20% 的时间做其他事情，你会比别人做出更有成效的事出来，让人看到你的光芒。

在工作实践中，有些事只要用少量的时间就能完成；而有些工作则需要花大量的时间。要想成为一个高效的人，你必须树立把重要的事情放在第一位的意识。

也就是说，你要合理安排时间，尽量把时间用在重要的事情上，重要的事情解决了，其他小事自然轻而易举。

六、有哪些方法可以帮助我们解决问题

当你面对困难，觉得一筹莫展，不知如何下手时，往往说明你的思维受到了影响，如果你能及时将思维打开，找到问题的关键所在。

再难的事情，你都有应对的方法。

聪明的人，不管遇到多么麻烦的事情，都是一副轻松的模样，仿佛世界上就没有能够难倒他们的事情。

其实不然，没有人是无所不能的，每个人都有他的短板。他们之所以能做好许多事情，是因为他们有一套解决问题的方法。

是的，所有的事情都蕴含着它独特的规律，只要你掌握了它背后的规律，你也能轻松地将它克服。

周末下午，好哥们儿鲁毅约我在"又一间"喝咖啡。他喝完一杯咖啡，接着又抽了半包烟，还不时地来回摇晃着椅子。

整个人看起来有些奇怪，我问他发生了什么事情。他犹豫了很久，才告诉了我实话。

他说工作三年了，想要辞职考研，但是他又不想辞去现在的

工作，如果不辞职在家考研的话，他担心自己会考不上研究生。

简单地说，他想要一边工作一边考研，只是害怕这样的复习方式效率低下，最终会以失败告终。他不知道自己该如何选择，问我该怎么办。

我问他："你有没有想过自己的实力，你平均每天需要花多长的时间复习，才能考上研究生？"

他想了想，回答说："如果不上班，我每天复习6个小时，坚持3个月就好；如果我上班的话，每天只有晚上下班2个多小时的时间复习，大概要坚持半年才有希望考上。"

"那既然上班和不上班，你都有把握能考上研究生，你还在纠结什么呢？"

他被我问得有些蒙了，瞪着眼睛看了我很久。

"那个……我……上班的话，还有一笔收入嘛，而研究生考试是今年12月份才考，明年9月份才开学，足足有9个多月的时间。"

"既然你想要一笔收入，就下决心在职考研好了。"

鲁毅茫然地看着我："在职复习毕竟没有太多的时间，总会有意想不到的事情发生，我万一考不上的话，要等明年才能考呢！"

我被他的话气晕了，理了理思绪，告诉了他这样一段话：一个人只有想好最重要的问题是什么，自己最在乎的是什么，将最主要的问题给解决，这样的人才有可能成功。

鲁毅想了半天，最后终于想通了。

他说他决定辞职考研，今年考研只有一次机会，考上了钱还可以再挣。而一旦失败了，今年挣再多的钱，也只有再等一年，才能参加研究生考试，浪费一年就是一年的光阴，他不能让自己做后悔的事情。

最关键的问题是什么，解决好它，你才抓住了问题的本质。毕竟其他问题再重要，都不能影响到最根本的问题。

同事伍洪说，曾经的他，做什么事情总是一根筋，想起什么就做什么，从来没有在做事之前，预先在大脑里构思好问题的解决方式有哪些，自己要怎样做才会达到目的。

直到他遇到公司的超哥，他才明白了这个道理。

大学毕业那年，伍洪跟着老乡，来到了广州，他应聘去了一家公司上班，负责对外联络的工作。

他的工作内容，主要就是给全市的企业家们打电话，做好客户维护的工作。刚开始，他决定要好好工作，做出一番成绩出来。

可才工作两个月，他就发现了一个问题，每次他给企业家们打电话后，他刚刚说道："你好，麻烦你下午将资料发到我们公司……"

对方"啪"的一声就把电话给挂了，他以为是自己语速太快，或者是对方有急事在忙。但两个月了，经常出现这样的情况。

越想越郁闷，伍洪说他险些准备找领导辞职了。

这时，超哥出现了。

超哥神秘地问他："你知道为什么你会遇到别人不愿和你愉快通话的难题吗？告诉你，那是因为你说话让他们感到不舒服！"

伍洪眼睛一亮，重重地点了点头。

超哥继续耐心地解释道："你打电话给别人，最重要的就是获得你想要的信心。那你和他们的沟通方式就很重要，比如你的自我介绍，对对方的称呼，说话的节奏、用词等都要引起重视。"

听完超哥的话，伍洪沉默地反思了一下，他觉得超哥说得很对，自己在打电话的时候，总是急着想把话说完，没有顾及一些细节问题，才导致总是被人挂电话的情况出现。

伍洪有些崇拜地向超哥请教："你说得很有道理，好像你处理重要的事情总是得心应手。你是不是会一些独特的方法，能不能教教我？"

超哥转了转眼睛，说："这样吧，我给你讲讲问题解决的相关知识吧。"问题解决这一词语来自心理学，即由一定的情景引起的，按照一定的目标，应用各种认知活动、技能等，经过一系列的思维操作，使问题得以解决的过程。

心理学家纽维尔和西蒙经过大量研究，总结出下面几条解决问题的策略：

1.算法。根据已知的问题，在问题空间中随机搜索所有可能解决问题的方法，直到选择解决问题的方法。简单地说，就是把解决问题的方法一一进行尝试，最终找到解决问题的答案。

2.启发法。根据一定的经验，在问题空间内进行较少的搜索，以达到问题解决的一种方法。包括：手段—目的分析法、逆向搜索法、爬山法。

其中，手段—目的分析法是将需要达到的问题的目标及状态分成若干子目标，通过实现一系列子目标最终达到总目标。

逆向搜索法是从问题的目标状态开始搜索直至找到通往初始状态的通路或方法；爬山法则是类似手段—目的方法，通过采用一定的方法逐步降低初始状态和目标状态的距离，从而达到问题解决的目的。

听到这里，伍洪开心地说道："我明白了，要想处理好一件事情，其实就是如何解决好一个问题。我可以将上面的方法拿来运用，这样也就没有什么会难倒我了！"

超哥看着他高兴的样子，微笑着对他说："加油，你会越来越好！"

再重要的事情，也是由细小的事组成。只要你发现了这些小事的规律，把你最终要实现的事情想成是问题解决。

之后采用问题解决的方法去思考，你就一定能找到方法，做好这件重要的事情。

但是，为了让自己每次都能顺利地解决好难题，做好重要的事情，你还要掌握很多知识。

1. 不要有畏难心理。万事开头难，再难的事情只要你动手去做了，你都有机会把它解决，怕的是你迟迟不敢动手，白白浪费了时间。

2. 不要想着一下子完成。任何事情都有一定的过程，正如心急吃不了热豆腐。对于重要的事情，我们需要有耐心，循序渐进地去完成它。

3. 养成多读书的好习惯。"书到用时方恨少"，一个人书读得越多，在关键时刻越能想出好的方法，对我们解决问题起着重要的作用。无论你生活多忙，都要留些时间来阅读各类书籍。

遇到重要的事情，不知道如何处理，和我们平时如何解决问题有着很大的关系。做一个有心人，在生活中多观察多总结。培养解决问题的能力，再困难的事情都难不倒你。

七、重要的事情先做，一切难题都会迎刃而解

研究任何过程，如果是存在两个以上矛盾过程的话，就要用力找出它的主要矛盾，抓住了这个主要矛盾，一切问题就迎刃而解了。

而在实际的工作中，重要的事情就是主要矛盾，只要我们将重要的事情先做好了，一切难题也会迎刃而解。

也许你会说，遇到事情时，我们应该先做最简单、最容易的事情，把困难的事情留到最后，这样我们就能顺利完成。

可你怎么就确定最容易的事情一定是最重要的事情呢？另外最困难的事情放到最后去做，一定能起到好的效果吗？

拿考试来说吧。

你想着先把最简单的题做完了，留下时间做最难的题。等你做了所有最简单的题，你才发现最难的题你一个也不会做，结果你把所有时间都耗在了最难的题上，最后你的这门科目很可能获得不理想的分数。

我们都知道考试是属于综合测验，它主要是想考核你掌握的知识程度，会按分数的多少来合理分布题目的难易。

你不妨换一个思路，你先把试卷看一遍，分好哪些题目是得分比较高你又会做的，哪些是最难分数不高的，哪些是最简单分数又是最少的。你把整张试卷的得分弄清楚后，再平均估计一下你的时间。

为了在有效的时间内，取得最高的分数，你可以采用这样的方法：先做得分比较高并且你有把握做对的题，再去做最容易得分的简单题目，最后才去做最难的题目。用这样的方法，你将更容易获得好成绩。

从中可以看出，我们不管做任何事情，不能想当然。

有些最容易的事情，你花了太多时间把它做好了，但你却没有时间去做重要的事情了，而最重要的事情才是决定结果好坏的关键。

因为你没有将最重要的事情做好，以至于给自己带来了不必要的损失。

国庆放假前，朋友徐东邀请我和他一起去北京旅游，我欣然应允。

距离出发还有几天，徐东便打电话告诉我，说一切事情都准备妥当，可以放心收拾行李了。

很快就到了 10 月 1 日，我正要准备收拾行李出发时，徐东打电话给我说："云，北京旅游去不了啦！"

我好奇地问："怎么了，不是一切事情都准备好了吗？"

徐东回答："是呀，我花了两天时间准备了 5 份攻略，吃喝玩乐的所有攻略都做好了，昨天才发现我忘了预定往返的机票。

刚好最近去北京旅游的人太多，飞机票已经定不了了。"

听完徐东的话，我只好安慰他说没事，下次再去。

但内心里，我感到很遗憾。好不容易有个假期，本以为可以来一场说走就走的旅行，到最后却只能留在家里，看别人诗与远方，潇洒玩耍。

去一个地方旅游，做攻略很重要，但与如何才能到达目的地比起来，那就不重要了。你都不能顺利到达目的地，做了再多攻略又有什么用呢？

如果朋友当初能明白这个道理，先把去北京的往返飞机票给定了，再去考虑如何做攻略的问题，那么我们早就飞往北京了。

可见，一个人最重要的，是先把最重要的事情做了，再去做其他，而不是做一些无关紧要的事情，反而把最重要的事情给忘了。

这样颠倒事情的重要性，最后吃亏的只能是自己。

大学老师给同学们安排了这样的作业，让同学们自由组队，做一个调查报告，当作期末成绩的标准来考核。

"做调查报告？什么鬼东西？我们才大三呢。"

教室里的同学们听后，瞬间乱成了一锅粥。无论他们怎么吵闹，老师都没有理他们，只是告诉他们，不懂的地方，自己动手去搜索，如果两周后还没有交报告，整组同学的成绩将被打为零分。

同学们顿时觉得压力大，抱怨过后，迅速组成了队。

其中，朱宇他们这一组率先组好队，完成报告只用了三天的时间，最后得到了全班最高分。

老师让队长朱宇上台分享他们组的经验，朱宇讲道："我们组好队后，首先商量好了调查的题目——外省大学生在我校的就读情况。

"这个题目是最重要的，确定好了题目下面的事情就轻松多了。我们根据题目设计了问卷调查，接着根据调查情况进行统计分析，最后再把结论和我们的工作结合，写成了一篇报告。"

老师和同学们听完他的讲解后，给予热烈的掌声。

老师发言说，许多同学的调查报告之所以没能获得高分，是因为他们第一步就错了，他们没有将最重要的事情，也就是调查的对象弄清楚。

只是胡乱地写了个题目，瞎编乱造地弄了篇文章而已。如果要想做好一件事情，连基本的步骤都没有做好，事情能圆满完成吗？

老师的话说得很对，我们不管做什么事情。首先得先想好主次，把重要的事情做好了，再去做其他事情。这样我们才更可能取得成功。

为什么重要的事情一定要先做？这其中有许多道理。

1. 重要的事情，常常对一件事情起着决定的作用。正如唯物辩证法所说：事物的性质主要由取得支配地位的主要矛盾的主要方面所决定。

重要的事情先做了，就等于将最主要的矛盾给解决了，解决了主要矛盾，我们才有时间来更好地处理次要矛盾。

2. 重要的事情先做了，会增加我们的信心。许多时候，一件事情之所以会困住我们，是因为它让我们觉得六神无主，不知从何处下手。

当你把重要的事项先做后，你会茅塞顿开，知道了该如何处理好接下来的事情的方法。

3.最关键的问题解决了，其他问题会轻松许多。最关键的问题往往也是最重要的问题，你把最关键的问题解决了，其他问题就会变得简单许多。

不要害怕自己会束手无策，你只要肯努力，学会去解决最重要的事情，你便会发现困难只是纸老虎，它终将不值一提。

及时跟进，做好重要而不紧急的事情

一、利用好零碎时间做更多的事情

　　鲁迅先生曾说：时间就像海绵里的水，只要你愿意挤，总是有的。无论做什么事情，不要推托说自己没有时间，倘若你真的想把事情做好，即使你再忙碌，你都能利用好零碎的时间，把事情完成。

　　周末聚会，和朋友们聊起各自的职场情况。有人说，工作几年了总感觉时间不够用，看到别人都在朋友圈晒着旅行的照片，自己却还在办公室忙着整理资料。

　　有人说，其实也不是忙，只是自己不会利用时间罢了。

　　说这话的正是我们学校有名的学霸——刘云。

　　大学期间刘云成绩优异，年年获得国家奖学金。不仅担任了班长一职，还担任了校学生会主席，甚至每周还去做家教挣钱。

　　可即便这样，他还能做到学习挣钱两不误，是当时学校出了名的好学生。大学毕业后，他在一家公司上班，考取了注册会计师证，甚至还利用业余时间出版了两本个人新书。

　　他在我们朋友圈是出了名的人才，大家都很奇怪他的时间是怎么分配的，不管上学时还是工作后，他都是那么优秀。

上班每个人至少要花掉 8 小时的时间，剩下的时间并不多，他怎么能在有限的时间内做那么多事呢？

虽然说"时间就像海绵里的水，只要愿意挤，总还是有的"，这个道理大家都明白，但如何去挤，才能把时间做到完美，大家并不知晓。

看着大家期待的眼神，刘云终于抬起头，向大家解释自己对时间的理解。他说也没有什么秘诀，关键还是在于利用好零碎的时间。

他说，他会在上下班坐车的路上，用手机软件写书；在中午吃饭的时候，听网络课程；在每天晚上睡觉前，花半个小时阅读各类书籍。

刘云说完后，集体陷入了沉默。

生活中，大多数人只知道上班下班，行尸走肉般重复地过着每一天的生活，想要改变现状却不知如何改变。

最后，只能平庸地过完这一生。

而有的人，却利用下班后的零碎时间，自学了很多本领，如参加写作培训班，在今日头条、微博头条、一点资讯等网络平台上写文章挣钱，增加了额外的收入。

有些人更是利用空闲时间去考了在职研究生，为自己换得了更好的职业前程。

可见，利用好了零碎的时间，能做出很多有意义的事情来。

单位聚餐的时候，领导和新员工交流，让他们谈谈上班以来的感受。

田勇首先站出来发言，他说自己上班两个月了，总是觉得时间不够用，每天累得像狗一样，真怕哪天会变得头发斑白，过早衰老。

领导用疑惑的眼神问道："你真的觉得自己工作很忙吗？"于是田勇给领导汇报了自己的工作情况。田勇是办公室的资料整理员，负责办公室文字方面的资料，以及领导交代的其他事情。

每天早上9点，他先到公司打卡。打开电脑，开始整理公司的文字资料，接着去准备早上的会议。会议结束后，他要迅速写好会议记录。

接着，他要接听电话、收取快递、给各部门送资料。

常常忙得焦头烂额，有时候甚至连中午饭都忘了吃。讲完后，他很委屈地说："领导，我这还不算忙吗？"

领导笑了笑，回答："那是因为你不懂得时间管理！如果你能利用好零碎的时间，你就不会觉得这么累了？"

田勇兴奋地问道："该怎样利用好零碎的时间呢？"

领导接着告诉他："首先，你得给自己列一份清单，将自己要做的事情写到上面。再把时间合理分配好，把上洗手间、吃饭排队这样的时间利用起来。"

田勇听完领导的话，若有所悟。没想到用了领导推荐的这个方法后，他真的觉得自己上班轻松了许多，工作效率提高了不少。

其他同事见了，都问他是怎么做到的。他也毫不隐藏，分享了自己的心得。他说他会将工作中的每件事情写下来，按照事件的重要的程度排好顺序。尽量挤出时间，做那些可以做的小事情。比如他会在取快递的时候，给领导报告工作进度；会利用中午午休的时间，提前将要写好的材料拟好框架，下午上班再认真撰写。

总之，他会将时间充分利用起来，做更多的事情。

高效率的人，是时间管理的高手。他们懂得重要事情必须要马上完成，只有充分利用好一切可以利用的时间，才有可能把更多的时间用在重要的事情上来。

是的，利用好我们的零碎时间，我们才能做更多事情。具体来说，你要做到以下几点。

1.争分夺秒，绝不浪费一分钟。时间就是生命，不想过平淡的人生，那么你必须学会珍惜时间，把每分每秒的时间都用在去实现梦想的路上。

上下班的时间，洗衣服的时间，上洗手间的时间，凡是能利用的时间你都可以充分利用，比如你可以拿来背单词，听课程。

2.有雷打不动的执行力，才能做出惊人的成果。做一件事情最重要的就是坚持，千万不能一时心血来潮，就拼命努力，兴致一过就忘得一干二净。这样做，只会让你前功尽弃。

量变引起质变，你只有坚持利用好碎片化的时间，才能收到实际的效果。在这期间，即使遇到再大的阻力，都用顽强的毅力去坚持。

3.相信自己，不要自我怀疑。有信心的人，更容易取得胜利。零碎的时间做的事情看似不多，但积少成多。

时间久了，你才能看到蜕变的效果。不要怀疑自己，你一直在努力，就不会往后退。

将零碎的时间利用起来，你会获得难易置信的快速进步。如果你还在迷茫，还在抱怨自己的时间不够，停下来，开始从此刻养成整理好时间的习惯吧！让自己在有限的时间做更多的事情，实现自己的人生梦。

二、学会做好重要而不紧急的事情

有些最重要的事情不一定是最紧急的事情，但一定是需要你耗费精力去努力完成的事情。许多人却常常会犯这样的毛病，把时间都用在了无关紧要的小事情上面，让那些小的事情影响了自己。

如果你想让自己变得更加优秀，那你应该试着改变自己的思维，学会做好重要而不紧急的事情。

据科学家们研究统计，许多人容易把时间流逝在紧急而不重要的事情上，而花在"重要而不紧急"的事情上的时间却太少。

重要不紧急的事情属于时间管理四象限法则的第二象限，虽然它不紧急，但如果你忽略了它，很可能会让你在关键时刻，被它害得不轻。

一件小事你不管，时间久了，它就会变成大事。到时候你想管，也只是有心无力，不能做任何弥补的工作。

葛乐是一名大三的学生，还有一年就要大学毕业。

室友们有的开始准备写论文，有的在校外做兼职，为毕业后工作做好准备。葛乐却像一个没事人，照常打游戏，每天玩得不亦乐乎。

有室友问他："你不为明年的毕业做些准备吗？怎么每天都这么开心呢？"

葛乐笑着回答道："怕什么，还早呢！不是还有一年的时间嘛！"

"早一点儿做计划比较好吧，比如你想考研究生，那就从现在起开始复习，想考公务员就去参加培训……"

葛乐打断室友的话，"以后的事情以后再说吧，为明天的工作做准备这些只是小事而已，现在最重要的事情是好好享受大学生活。"

时间一晃，到了大四下学期。

有同学拿到大公司的 OFFER，有同学考上了研究生。葛乐却因为论文不过关，要延期毕业，没有顺利拿到学位证书。

由于之前没有做好准备，他没有找到工作，只能先回家啃老，等着参加事业单位的招聘考试。

但看着其他同学开心的笑脸，葛乐感到很后悔。如果当初他珍惜时间，提前把论文写好，复习专业知识他也可以拿到学位证，甚至考上研究生。

懂得未雨绸缪，我们才能做到万无一失。有些小事，虽然目前看起来微不足道。但关键时刻它却会影响到你，给你严重的打击。

我们绝不能因为事情不紧急而选择忽略它，应该做好规划，将它们重视起来。

也许，面对重要而不紧急的事情，你抱着无所谓的心态。

你认为明天还很远，等明天来了，事情再做也不迟。但明天之后会发生什么事情，谁也不知道。

你完全可以做好今天的事情，同时规划好明天的事情。

上班第一天，戴青便给自己做了职业规划，未来三年内，他一定要成为公司的经理。同事们知道了他这一想法后，都暗自发笑。

说三年后的事情，谁能说得准，努力活在当下做好该做的事情就好。

戴青不同意同事的观点，他说："当经理是我的理想，为了实现它，我当然要制订好计划，按着计划来严格要求自己，最终实现愿望。"同事没有和戴青争辩，只是不屑地看了他一眼。

在接下来的三年里，戴青每天严格要求自己。不管遇到任何工作，他都会认真去完成。

当其他同事都在抱怨，说公司工资发得少，但却要求员工们做最累的活，太不公平了。戴青却没有抱怨，他知道只有做好现在的工作，才能做好以后的工作。

工作一年后，和戴青一起进公司的员工，大部分都已经辞职了。戴青知道，自己也能和其他同事一样，辞职后换一个工作。但戴青没有动摇，他相信自己迟早有一天能坐上经理的职位。有一次，领导问他，会不会对公司的薪酬待遇有什么想法。

他回答说："我主要是想锻炼工作能力的，我相信自己的工作能力变强了，工资待遇自然也会增加。"领导拍了拍他的肩膀，微微笑了一下。

三年后，公司岗位竞选。戴青凭着出色的工作能力，当选了经理一职，成功实现了他的梦想。

长期的目标，虽然看起来遥远。如果你不重视它，不及时做好计划，督促自己为之努力。那么时间久后，你的目标只能是目标，不会变成现实。

我们许多人总想过上好的人生，想变得与众不同。会在每个夜晚对自己说，从明天开始努力，认真看一本书，认真学习新的知识。

明天天一亮，你开始投入日常的工作中，忘了昨晚对自己说过的话。甚至，许多时候，你安慰自己，你有重要的事情要做。

说好的那些宏伟理想，只是一些小事情，等有机会了再去做。结果就这样一拖再拖，你没有将它们放在心上，没有做出实际的行动。

到后来，等到头发白了，你才发现青春已经过去了。你想重新找回当初的梦想，也只能是心有余而力不足。不懂得规划的你，就这样被自己给荒废了。

关于梦想，关于承诺，它们是我们生命重要的事情，从来就容不得我们忽视。

许多重要而不紧急的事情，是影响我们是否能取得成功的关键所在。我们绝不能因为它不紧急，而忽略不管。

1.长期目标更能帮助你成长。也许你只想做好目前的工作，觉得以后的事情以后再做考虑。

但真正能让你成长的，往往是你那些重要而不紧急的事情。

将它们提上日程，作为你的长期目标，认真对待，你更能取得进步。

2. 拖延只会让不紧急的事情变得更加麻烦。不要觉得不紧急的事情很容易处理，你便心安理得地选择拖延。

到了最后，你会发现不紧急的事情，看起来微不足道，关键时刻却能给你致命一击。你会发现，你最应该重视的事情就是在平时做好它们。

3. 树立长远的眼光。许多优秀的人，他们看问题的眼光与众不同。通俗地说，他们懂得用长远的眼光看问题。

琐碎的事情虽然不是最紧急的，却也是重要的事情。有长远眼光的人，知道把重要而不紧急的事情，认真做好，让它们在关键时刻能帮助到自己，而不是拖累自己。

我们要学会掌控精力的分配，别被眼下貌似非做不可、实则并没有帮助的事情牵制，腾出更多时间，去做那些长远的、真正的大事。

停下来，花时间做好重要不紧急的事情，为自己的将来打算，成为一个优秀的人。

三、不辜负时间，做好当天的事情

　　每天都是新的一天，今天的工作做好了，才有时间做好明天的工作。不要想着把所有的事情都放到自己的行程中来，有时候你需要的只是将它们适当调整，合理安排。

　　记住，只要你不辜负每一天的时间，你必定会获得回报。

　　生命没有彩排，每一天的时间一旦过去，便不会再重来。我们不能掌握明天，唯一能掌控的，就是过好今天，将今天的事情圆满完成。

　　现在有许多人常常觉得工作很忙碌，抱怨自己想要完成的事情有很多，留给自己的时间却很有限。

　　于是有人开始思考，有没有更好的方法解决这个问题。如果找不到方法，他们会觉得自己生活苦闷，甚至渐渐变得焦虑不安起来。

　　想要完成很多件事情，本来是一件好事。但如果你每天都忙碌不堪，却换来一无所获的结果时，你应该试着思考一下问题是不是出在自己的身上了。

　　邻居家的姚杰，最近感到身心俱疲。

他说每天的自己像上了发条一样，时间被安排得很紧，仿佛每时每刻都在忙，却又说不清究竟在忙什么。

有时候想出去旅游散散心，可无奈自己根本没有多余的时间。

35岁的姚杰，在一家事业单位上班。说实话，他平时的工作一点儿也不忙。他每天朝九晚五上下班，工作稳定。下班后，他会去市场买菜，吃过饭后，复习司法考试的书籍。

周末，他接送孩子去艺术学校学钢琴。中间的那段时间里，他再去驾校练车。

原本他以为自己能将这些事情全部妥善做好，可这几天他发现自己的时间有限。尤其是去驾校练车和复习司法考试这两件事情，他不能同时兼顾。

朋友建议他："你可以考虑先做好一件事情，再做好另外一件事情。比如把去驾校练车的事情推一推，等司法考试结束后，再去练车。"

姚杰说："本来觉得自己时间有多余，可以每天做很多事，但照这样下去，我只能选择做好一件事后，再去做另外一件事情了。"

经过一番思考，姚杰最后选择了先参加司法考试，之后再去驾校练车。

像姚杰这样的人很多，都市生活节奏很快。每天要上班，下班后要在家照顾孩子，同时要做好其他事情。

许多事情要去做，留给你的时间又不多。如果你不懂得合理安排，只会让你感到疲惫。

但如果你懂得给自己减负，每天只做好一件事情，让自己不那么劳累，你的人生将会过得轻松许多。

上班的时候，蔡妍和同事抱怨，说其他同事的工作轻松，就自己的工作量大，领导明显是偏心，不待见她。

同事一脸疑惑："你怎么会这么说呢？领导不是挺公平的一个人吗？大家对她的印象都不错。"

蔡妍吃了一口手里的冰激凌，解释道："比如我最近在负责整理单位的各项资料，已经是很忙了，可领导居然还让我负责下周的文艺演出，节目的编排、舞台的搭建等工作交给我全权负责。"

"你不是从小跳舞，有舞蹈经验，领导很看好你，才安排给你的吗？"同事不解地问道。

"但是我很累呀，单位的资料这么多，我每天上班，拼命整理都忙不过来，哪有时间做其他工作。"

同事知道，事实并不是真的像蔡妍说得这么严重。办公室的工作不忙，蔡妍上班的时候不是玩手机，就是逛淘宝，有时还会悄悄地追电视剧。

她所谓的忙，只是在领导视察的时候，装装样子而已。想到这儿，同事耐心地对蔡妍说："你把每天的工作努力做好吧，别总是抱怨，抱怨也解决不了实际问题，该完成的工作它始终还得完成。"

在职场中，谁都想轻松，不想给自己添加麻烦。但对于工作，是我们要完成的任务。原本你努力一下，花两天可以完成的事情，你非得拖延时间，要花三天的时间完成。

这样一来，你工作的效率大大减小，也会让领导对你产生不好的印象。今日事今日毕，你会发现生活其实可以变得很轻松。

网络上，曾经有一首歌特别火，名叫《时间都去哪儿了》，在歌里有这样的句子：时间都去哪儿了，还没好好感受年轻就走了。

是的，时间在我们一不留神的瞬间，从我们的手掌缝间溜走。你所不珍惜的今天，是许多人梦寐以求的昨天。

大凡成功的人，都知道好好把握今天的时间，把当下该做的事情做，再去思考明天的事情。

人生很短暂，我们理应将时间好好珍惜，不轻易辜负，做出让自己后悔的事情。

1.别让事情堆积太多。有时候你会发现这件事情刚好做，下一件事情就来了。等你说休息一会儿，明天再做，更多的事情会接踵而来。

做一个效率高的人，把当下的事情迅速做好，别让事情堆积太多，让自己没有时间来处理。

2.坚决执行自己的计划。做好一件事情，需要的是毅力。可能你也明白今日事必须今日毕的道理，但在具体实施的过程中，你总是不能坚持下来。

稍有一点儿诱惑，你便不能拒绝。结果一件简单的事情，往往到最后变成了一件复杂的事情。要想改变这个处境，你就要学会果断拒绝诱惑，坚持执行自己的计划。

3.学会批量处理，将时间成分利用起来。工作效率的提高，和你是否懂得总结经验有关。在平时工作中，如果你能调整工作顺序，你会发现自己也能高效地工作。

比如：在上班的途中收听新闻，在取快递的路上给领导汇报工作。一切可以充分利用的空闲时间，你都可以拿来利用。

事实上，任何一项能力都非天生具有，耐心学习与实际经验才是重点。每天的工作怎样才能迅速完成，生活中的事情要怎么安排，才能获得最大的效果。

这些事情，都需要你花时间，自我思考和总结。

四、有时候，你需要同时处理很多事

有全局观念的人，往往能够在做事之前把所有细节的地方都想好，做好所有的准备工作，因此他们往往能同时做好许多事情。

如果你想和他们一样，那你可以思考一下，该如何向他们学习。

不知道你发现没有，我们身边有这样的人，他们能独当一面，能同时将许多事情处理好，并且每件事情都做得很完美，好像什么事情都难不倒他们。

其实，这样的人并不神奇。

他们不过是懂得规划，懂得用全局思维来指导自己做事而已。

陈松是一家办公室的主任，单位的所有大小事情都由他在处理。类似文稿撰写、会议开展，甚至电梯维修、打印机维修等工作他都能井井有条地完成。

常常是领导刚安排他做这件事，接着又让他做另外一件事情。其间，单位的其他同事又请他查找资料。

各种大小事情，都落在陈松的身上。换做其他人，可能早就累趴下了。但陈松仿佛有三头六臂似的，把每件事情都妥当地完成。

同事们很佩服他，说他是一个人做了单位几个人的工作。

陈松却笑着说，这只是因为工作久了，有了全局观念而已。同事们表示没有听懂他说的是什么意思。

他耐心地做起了解释：办公室的工作很繁杂，但却有规律可循。只要平时做好归类总结，掌握每件事情的规律，遇到事情的时候，思路清晰，自己不会乱，就能在最短时间内做好。

举例来说，如果领导找自己要一份文件资料，只要在平时的工作中做好总结，把文件归好类，就能迅速找出来。

如果单位的电梯坏了，知道电梯维修师傅的电话，立即和师傅做好对接，安排师傅来维修，电梯的问题就能立即得到解决。

不管面临什么问题，都能在脑海里找到解决问题的方法，那无论什么事情都不会难倒自己。

同事们好奇地问："你这样应该会花很多时间去记吧？不会觉得累吗？"

陈松听后回答说："身在职场，难免会同时处理很多事情。只要将它们的规律找出来，并牢记于心，下次再遇到类似问题，便能迅速解决。工作效率提高了，一点儿也不觉得累。"

轻松和累是相对的，如果你能同时将手里的工作全部做完，你会觉得很轻松。相反，当你遇到一件简单的事情你不能处理好，再来一个复杂的问题，你会更不知道该怎么处理。

谁都想全身心地做一件事，可无论你从事什么职业，都会被职业本身的特点所影响。你不得不面临着，要同时做好许多项工作的要求。

施博说，他一直想找一份轻松简单的工作。可他换了几份工作，最后都觉得很累，他甚至开始怀疑人生了。

施博现在在一家辅导机构当英语老师，给四至六年级的学生辅导英语。他和同事们聊天的时候抱怨，说想要辞职了。

同事们有些不理解："你工作不是挺好的吗？为什么要想辞职呢？"

施博叹了口气，他解释说："我刚开始还以为辅导机构的老师，只是单纯地给孩子们督导一下功课就好了。

"可现在我们不仅要出去招生，每天上课之前给家长打电话，问问孩子有没有出发，放学了还要在电话里给学生做电话教学。

"最让我觉得郁闷的是，每天上完课后，我们还要开会，讨论教学方法以及存在的问题……"

有同事打断他，"每个工作都有它的特点，你既然在辅导机构上班，就应该适应它的规律。"

施博笑了笑："反正我是觉得每天好累，像一个陀螺一样不停地在运转，没有好好休息过。"

这时，一名老同事说道："虽然我们每天看似要做许多工作，但你将每项工作总结后，会发现有好的方法来应对。比如提前备好课，上课的时候就不会觉得不知道该说什么，其他的工作也是如此。"

听了老同事的话，施博认真想了想每项工作的特点，他突然间觉得有所收获，似乎每项工作并没有想象中那么难。

经过几个月的适应，最后他爱上了这份工作，不再想着要辞职了。

陶艺是个文静乖巧的女生，刚进公司就被领导器重。陶艺也暗下决心，要好好工作，绝不让领导失望。

陶艺应聘的是办公室文员，办公室的工作繁杂。工作时间久了，陶艺觉得有些不开心了。

公司每次开会的时候，她要去给领导们端茶送水；领导们出差的时候，她要提前在网上给领导们订好往返的机票。

有时候，她要和领导们一起出差。出差的过程中，领导生病了她要帮忙买药，到旅游景点后，领导们如果拍照，她要当他们的摄影师。

这样次数多后，陶艺感到非常生气。

说好的是办公室文员，为什么自己要出差？还要服务好领导呢？

有一天，她拿着一份写好的辞职报告冲到主任办公室，用坚定的眼神对主任说："我做不好这份工作，我要辞职。"

主任瞪大眼睛问她为什么，她想了想，委屈地回答："我以为我的工作只是在办公室上班而已，可实际上我的工作并没有这么单纯，我适应不了，所以要辞职。"

主任没有想到陶艺会这样说，他沉默了几秒钟，说："你的工作并不复杂呀！这样吧，辞职报告我暂时不收，三天后你想清楚了再来。"

陶艺接过主任的话："我已经想好了，请领导批准。"说完后，她就走出了办公室。

没过多久，陶艺离开了公司。

朋友们听后都为陶艺感到惋惜，说她的公司福利好、待遇高，只要好好工作，会有好的前途。

可陶艺说她一点儿也不觉得后悔。

不懂得调整自己，不知道如何同时处理许多事情。这样的你，在工作中迟早会处处受限。

现实生活中，不是所有的事情都能顺心如意的。毕竟这个社会，不是围绕你一个人转。

如果你不能适应社会，你只能被淘汰。

许多时候，你必须要同时做好许多事情。

1. 世界很现实，不要有玻璃心。工作中遇到挫折很正常，当你觉得自己的工作性质与自己想象中不匹配，不要想也不想就辞职走人，你应该要坚强，主动去花精力找到解决办法，克服工作中的难题。

2. 没有什么解决不了的事情，你要学会归纳总结。问题是死的，人是活的。如果你必须要同时做好许多事情，那你完全可以思考具体的方法，平衡好自己的时间，将它们顺利做好。只要你愿意花时间去想，总能想出办法。实在想不出来，你可以找有经验的人请教。

3. 培养井井有条的全局观念。懂得先做什么，后做什么。培养井井有条的全局观念，你会发现很多事情没你想的那么严重，所有让你感到头疼的事情，都能一一完成。

在工作中，多思考和总结，不放弃、不抛弃。处理好每件事情，让自己在职场上游刃有余，你的工作能力才会得到他人认可。

五、为什么要做好重要而不紧急的事情

如果一件事情来了，你懂得永远先做最重要的事情，那你首先就找对了方法。比起那些只会埋头做事的人，懂得先做重要事情的你将会比他们更容易获得成功。

没错，永远先做重要的事情。

那重要不紧急的事情我们还做吗？你想过这个问题没有？

有时候，你会发现越想做好一件事情，你越是容易在细节地方犯错，最后事情没有做好，你反而心情不好，觉得有一团阴影在围着你转。

出现这样的情况，往往是因为你没有做好正确的选择，忽略了重要不紧急的事情也要尽早着手去做的道理。

小沐是一个很励志的人，在大学期间，他考了许多证书，有律师从业资格证、导游证、驾驶证、英语六级证书等。

当其他同学都在寝室打游戏的时候，他在自习室里看书；当同学们在 KTV 唱歌时，他还在自习室里看书。

只要问小沐在哪儿，很多人会告诉你，他在自习室看书。

小沐回忆说，刚开始的一段时间里，他也迷茫过。他定下了许多目标，却没有一项是如期完成的。

有时候，他在看书，同学打电话来："小沐，走，我们 K 歌去。"小沐原本想拒绝的，可他想着唱歌也就只是耽误一天而已，没有什么大不了。

后来他才发现，时间是一分一秒流逝的，如果不在规定内的时间里做计划好的事情，那最后再简单的事情也很难顺利完成。

明白了这个道理后，他把自己的时间都用在了看书上，任何人约他出去玩，他都会果断拒绝。

经过长时间的努力后，小沐成功考取了多个证，成为同学们羡慕的人。

喜欢拖延，觉得拖一下没有什么。可拖延是个坏习惯，容易让人上瘾，使一个勤快的人变成懒惰的人。

重要的事情，是你的头等大事，如果你不先去完成它，当你想要完成它的时候，你会发现时间已经来不及了。

我们很多人都会有拖延的坏习惯，总想着时间还很多，事情一天也做不完，明天再集中一起做好了。

可到了明天，你的时间又会被其他事情占据，决定要做的事情只能一拖再拖。就这样，原本简单的一件事情被你拖到最后，变成了复杂的事情。

在一次时间管理的培训课上，我认识了唐嘉。

唐嘉是一家事业单位的员工，她说她曾经特别喜欢拖延，总是喜欢将重要的事情拖到最后一天，然后拼命完成。

有一次，公司领导要求每个员工写一篇 6000 字左右的个人心得体会，领导强调心得体会将和每个人职位的升迁有关，需要每个员工认真撰写。

唐嘉一看截稿时间，还有一个月。她心想，不就是心得体会吗？到时候随便写一篇就好了。

当别的同事在认真核对数据，寻找相关照片，努力写好心得体会的时候，唐嘉像没事人似的，躺在椅子上看综艺节目。

有同事吃惊地问她："心得体会可关系到我们每个人的升职呢！你怎么还有心情看综艺节目？"

唐嘉挥挥手，抓起身边的零食，一口咬进嘴里，回答说："没事，我到时候再写。"

时间一晃而过，很快交稿时间就到了。

意识到这个问题，是唐嘉在一天晚上睡觉时发现的。她看完手机上的日历，一下惊呼："明天就是最后一天交稿了吗？"

她立即坐到电脑面前，准备认真写个人心得体会。让她感到不可思议的是，平时脑子灵活的她，此刻竟然脑子短路。

不知道怎么写才好，眼看就要12点了，明天还要早起上班，不管怎么都要迅速写好。最后，唐嘉只好东拼西凑，胡乱写了一篇文章。

第二天，领导公布了结果。

新上任的经理是单位的小李，大家都知道唐嘉和小李是单位最有可能被升职为经理的人选，论工作能力、个人学识，唐嘉都略胜一筹。

然而，小李的个人心得体会，有充实的数据和内容，详细写明了如果他担任经理，将会做好哪些工作。

反观唐嘉的文章，只有通篇的口水话，像流水账般地叙述了她工作以来做了什么事情，让人看了觉得平庸无奇。

唐嘉没能升职，大家也觉得没有什么奇怪的地方。

但唐嘉却从这件事中明白了一个道理：重要的事情一定要及时去做，如果自己散漫不管，拖到最后再去做，吃亏的只能是自己。

通过前文的介绍，你已经知道了，我们可以把事情按轻重缓急来分类，如四象限法则说得那样，将事情分为四类：重要且紧迫的事情、重要但不紧迫的事情；紧迫但不重要的事情、不紧迫也不重要的事情。

一个人将事情按轻重缓急分好类后，再根据自己的时间，合理地安排，会完美地完成手里的事情。

聪明的你会发现，我们生活中大多数真正重要的事情都不一定是紧急的。比如读几本著名的文学书籍，看几部有名的电影等。这些事情重要吗？你可能回答说："都是小事而已，不必在乎！"不，告诉你！它们很重要。因为它们会影响你的个人文化修养，甚至是你的生活质量。

如果你觉得你还有大量时间和精力，却没去做好这些重要但不紧急的事情，反而把时间用在了其他方面。

等你发现它们变成一个问题影响到你时，你才恍然大悟，后悔不已。你后悔：当初没有早点学习最需要的知识，没有珍惜时间好好锻炼身体，没有好好关心你的家庭……

其实重要但不紧迫的事情，才是卓有成效的个人管理的核心。

只有及时办好这些事，你工作和生活的质量才会越来越高。

1. 不要把时间用在错误的地方。工作中效率低的人，喜欢把70% 的时间花在了重要且紧急的事情上，20% 的时间浪费在既不重要又不紧急的事情上，把剩下的 10% 的时间用在了紧急但不重要的事情上。如果你懂得把时间调整一下，你会发现自己的效率变高不少。

2. 学会灵活地改变做事顺序。如果你突然有十分重要紧急的事情需要处理，可以先放下手中的工作，去把那件事情做完。

处理完以后想一想这种情况如何能够避免，可以避免的要拿出改进办法，不能避免的学会随机应变。

3. 及时总结和反思自己的做事方法。你可以用一个小本子记录下在每件事情上你花了多长时间，掌握自己做事的规律，总结出一套属于自己的高效做事的方法。

重要不紧急的事情，我们必须要引起重视。让这个观念成为习惯，在每项工作开始时，首先让自己明白什么是最重要的事，什么是我们最应该花精力去重点做的事。

在有限的时间里做更多的事情，你才能收获更多。

六、及时跟进消息，完成重要的事情

明明你尽心尽力，做好了全部工作。但最后事情没有得到圆满的结果，你想了很久也没有弄明白是怎么一回事。

许多时候，出现这样的情况，与你有没有及时跟进最新消息有关。你千万不要以为重要的事情做完了就可以甩手不管了。

不，你还要记得及时跟进。

同事们正在聊天，只见赵泽沮丧地从领导办公室走了出来。不用说也知道，他又被领导批评了。

最近，单位要派员工去外地参加培训，领导提前让赵泽负责这件事的协商工作，并提前帮参加培训的人买好往返的飞机票。

过去三天了，领导以为赵泽已经将这事处理好了。

就在刚才，领导才知道赵泽根本就没有做好这件事。

赵泽说，他给参加培训的人打了电话，结果他们有的没有接电话，有的接了电话说要过几天才能回复。

领导生气地问他："那现在参加人员的名单你知道吗？"

赵泽茫然地摇了摇头。领导说："你后面就没有再打电话跟他们确认一下，他们是否要参加，或者是因为什么理由不能参加吗？"

赵泽吞吞吐吐地回答："我……没有，我以为他们会给我联系的，结果他们并没有。"

"难道你不知道，工作要及时跟进吗？否则你怎么开展工作？"面对领导的质问，赵泽哑口无言。

后来，领导只好亲自去和员工们谈话，选定了参加培训人员的名单，并将他们往返的机票给买好了。

不过，经过这件事情后，领导对赵泽的工作能力产生了怀疑，有什么重要的事情也会交给其他员工来处理，而不找赵泽了。

在职场，消息的及时传递很重要。领导安排你做一件事，是希望你能将事情给做好。

不管是你完成了，还是没有完成。作为员工，你要及时向领导汇报你的工作进展。这样领导才好安排好下一步的工作。

安琳是一家公司的人事部经理，她平时的工作主要是负责招聘新员工。

说来也巧，公司有个奇怪的现象。半年来，公司招了两批新员工，可每批新员工才工作了几个月就提出了辞职。

刚开始，公司高层们以为是公司的问题，认为是新员工们挑剔公司的待遇不好，或者是公司的相关负责人不会带领新人。

经过大量的调查发现，新员工们之所以频频离职，竟然和安琳有很大关系。

据老员工们反映，许多新员工们上了一个多月的班，还不知道自己的工资是多少，公司会不会给自己交"五险一金"。

他们入职培训的时候，安琳没有讲清楚。有新员工找她咨询的时候，她只是含糊其辞地敷衍几句。

新员工觉得工作起来看不到希望，对自己的福利也完全不清楚，所以才辞职的。

知道这个结果后，公司的高层和安琳展开了谈话。

"你是公司的人事部经理，你难道不知道要让员工知道他们的工资情况，他们才会心甘情愿在公司上班的道理吗？"

安琳回答说，她知道，她已经在培训的时候讲过工资情况了。

领导问她："那为什么有老员工说，新员工并不清楚呢？"对于这个问题，安琳不知道怎么回答。

公司高层经过商量，最后解除了安琳的聘用合同，重新任命了新的人事经理，新的人事经理上任后，工作认真，积极为员工们服务。

在新的人事经理的帮助下，公司的辞职率终于有了很大改变。

新员工入职后，事情还没有完，他们选择工作，报酬是一部分的原因。如果他们连最起码的工资情况都不清楚，他们怎么会踏踏实实地在公司上班呢？

在职场上，有许多员工不懂及时和领导跟进消息，往往要等领导问他们事情工作到哪一步了，他们才开始回答。

于是职场上，总是发生"老板不问，下属不说；下属不说，老板不问"的现象。

其实，上下级之间必须要及时跟进，分享事情的最新情况。如果彼此的信息不对称，只会对工作的正常开展造成很大的阻碍。

雷威就曾经犯过这样的毛病。

星期一早上，单位领导让雷威写一则活动方案，下周一就交稿。

接下来的几天，领导见他在电脑旁认真工作，认为他已经完成了。结果下周一，领导让他交稿。

雷威这才对领导说，自己还没有开始写。

"已经过去一周了，你怎么会没写呢？"

"我看了一下之前的方案模板，有许多地方我不知道怎么写，所以就没有动笔。"

"既然你不知道怎么写，为什么不来问我呢？"

"可你也没有说不清楚的地方要问你呀，我打算今天早上写好之后给你，等你提出修改意见，我再认真完善的。"

领导看了他几眼，最后无奈地叹了口气，只好亲自动手写起了方案。

像雷威这样的人，就是不知道及时和领导跟进消息的人。我们都知道，公司的领导每天的工作很忙，他们没有多少时间去关注每个员工的工作细节。

你只有主动一点儿，积极向领导反映工作情况，把自己的工作结果、存在问题跟领导及时汇报，让领导知道你的工作进度，做到心中有数，领导才能给你相关的指导意见，给你安排下一步的工作。

不要抱怨自己怀才不遇，觉得自己明明有才华，却发挥不出自己的本事。如果连及时跟进消息的道理都不懂，你就别怪自己不受人赏识。

1.灵活采用沟通方式，及时跟进。事情不跟进是不会有进展的。所谓的跟进，也就是消息的传递。

不管是跟领导还是跟同事跟进消息，你可以灵活采用沟通的方式。比如面对面和他交流，微信上和他交流等，你都可以拿来运用。

2.不要害怕被批评，不懂装懂。在工作中，不要怕跟进消息会被领导批评。与完成事情相比，领导更看重你是否将事情完成。

不管会面临什么结果，你都要勇敢地将消息及时汇报给领导，让他知晓事情的最新动态。

3.注意沟通的方式方法。在跟进消息的时候，要注意你沟通的方式方法。你可以简明扼要地描述你的意思，让领导清楚你在表达什么。

你可以将自己工作的思考和努力，说给领导听，让他帮你做进一步的了解。

将跟进消息作为职场的基本素养铭记于心，完成每一项重要的工作，你就不用害怕，领导看不到你出色的工作能力了。

七、认真检查，把事情一次性做好

忙碌的时候，你会忘记时间，一心只想把手里的事情完成，可在事情做好后，你才发现自己因为粗心大意，竟然把事情做错了。

这时候你发现自己得调整时间，整理思绪，将事情重新再做一遍才能做好，白白浪费了之前的宝贵时间。如果你明白，做事情的时候，认真检查，把事情一次性做好，这样的错误你就可以避免了。

也许你遇到过这样的情况，在马路边等公交车，车来了后你跟着人流挤上了车，坐了很久后你发现自己坐错了公交车，你该坐另外一辆车才对。

生活中，类似这样因为在做事情前，没有认真思考，没有确认及检查，最后做出让自己后悔的事情还有很多。

我们每个人都经历过。

丁冲是一家广告策划公司的员工。有一次，在为一位客户制作的宣传广告中，他把客户的联系电话中一个数字弄错了。

客户接到宣传单后由于时间紧，没有检查。结果第二天在产品的新闻发布会上，客户才发现关键的联系电话有错误，而此时这样的宣传单已发放了 10000 多份。

导致客户损失了一笔钱，客户生气之下找了丁冲所在的公司，要求赔偿。老板知道这件事后，只好按照客户的要求进行了赔偿。

从此，这件事情在圈内传开了，丁冲的广告公司在客户中失去了信誉，生意变得越来越差。没有人再敢把自己的业务交给他们来做，害怕再出差错给自己带来麻烦。

最终，丁冲所在的广告公司关门，丁冲也跟着失业了。

虽然只是一个小小的数字，但背后却关系着公司的信誉。如果丁冲能在工作中认真检查，把事情一次性就做好，也就不会出现后面公司关门，自己失业的结果了。

有些事情，可以弥补。但有些事情，一旦没有做好，你再怎么弥补，都是枉然，你只能自尝苦果。

其实，只要在工作中端正态度，比如你能仔细检查，一次性把事情做对，你就会少给自己带来不必要的麻烦。

下班了，别的同事都走了，只有顾薇还留在办公室加班。今天中午领导开会，顾薇将开会内容写成会议纪要发给领导。

顾薇用半个小时的时间，将会议纪要写了出来。她想着内容简单，自己应该不会出错。就在她关好办公室的空调、电脑、饮水机，准备下班回家时，领导打电话给她，说她的会议纪要里少了一些内容，也存在有几个错别字，请她修改后再发给领导。

接完领导电话，顾薇重新打开电脑，开始在电脑上修改起来。

很快，她就将内容修改好了，她抱着"这回应该没事了"的信心，迅速发给了领导。

让顾薇没想到的是，因为她打字速度太快，忘记了检查有没有打错别字，结果领导看后毫不客气地指出了几个错别字，请她修改好重新发。

顾薇于是检查了几遍，又发给了领导。没想到领导还是发现了错别字，就这样来回发了五遍给领导后，领导生气了，打电话朝她大吼："错别字我给你指出来了，你修改了五遍都还没改对，不是这个地方错就是另外一个地方错。我给你最后一次机会，如果你还不能改好，那你明天就别来上班了！"顾薇一心想着闺密们还在等着自己去吃饭，一时心急的她只顾打字，忘了认真检查。

被领导这么一说后，顾薇吓了一跳。赶紧端正态度，盯着电脑屏幕，将内容通读了一遍，反复检查了几遍错别字，确认无误后发给了领导。

这一次，领导终于没有再挑出任何毛病了。

一件事情，如果能一遍就通过，会提高你的效率，也会节省你的时间。不要想着错了没关系，你有时间改。

别忘了，如果你能一次将事情做好，你不就少了许多不必要的麻烦，不用把时间花在弥补上，而是做其他有意义的事情了吗？

一次性没把事情做好，接下来的时间你会忙着改错，改错中又很容易忙出新的错误，恶性循环的死结越缠越紧。

这些错误不仅让你很忙，还会放大到让很多人跟着你忙，造成巨大的人力和物资损失，也会让人觉得你的工作能力有问题。

要怎样才能一次性就把事情做好呢？

1. 选好正确的方向。要想一次性就把事情做对，就要根据事情的性质，难易程度选择好正确的方向。你只有选择了正确的方向，才能少走一些冤枉路，快速到达目的地。

对人生而言，努力固然重要，但更重要的则是选择努力的方向。我们做任何事情首先要明确方向，如果走错，甚至走反了方向，不但到不了目的地，反而会离你的理想与抱负越来越远，甚至一败涂地。

2. 仔细检查，弥补错误。如果在事情完成后，你没有及时检查，那错误很可能无法弥补，但如果你能在做事情的过程中，或者做完事情后，认真检查，确保没有出错的地方，你将有可能顺利把事情做好。

不要太过自信，觉得自己用心做了就不会有任何问题。有些细节问题，你只有检查了才会发现它到底有没有出错，而不是由你的自信说了算。

3. 及时反省，不要被自己的瞎忙迷惑。不要觉得你在这件事情做了很多工作，一直忙着这件事，即使有人提出了意见，你也不听。

盲目的忙乱，毫无价值，必须终止。你再忙，也要在必要的时候停下来思考一下，用脑子使巧劲解决问题，而不是盲目地拼体力交差。及时反省，一次性就把事情做好，是解决"忙症"的要诀。

要想一次性把事做好，最关键的是懂得花少的时间做对的事情，这样你才不会做无用功，把时间都浪费在了不相干的事情。

当然，这与你面对工作时的态度，你工作的能力以及做事的方式方法都有很大关系。不管怎样，希望工作时，你能认真检查，把事情一次性给做好。

第四章

立即行动，做好重要的事情

一、坚持到底，别总是半途而废

许多事，不是因为我们看到了希望才去坚持，而是因为坚持，我们才看到了希望。坚持到底，不半途而废，你才能将事情圆满完成，取得最后的成功。

所以，千万别想着当逃兵，当惯了逃兵，你会变成弱者。

最近打开手机，被朋友圈中的一句话给刷屏了，这句话是："人生不仅只有苟且，还有诗和远方。"

许多朋友在讨论着诗与远方的话题，其中鲁彦说得最厉害。

他有些愤懑不平地对我说，生活是不公平的，为什么有的人每天可以天涯海角游山玩水，而有些人却只能不停地加班，在办公室勤奋地工作。

鲁彦说，他很向往去全国各地旅游。无奈，现实是：钱包那么小，哪里也走不了。

我对他说："你知道吗？想要过什么生活，就自己努力去奋斗，靠自己的双手去获得。没有人是轻易就能过上理想生活的。"

鲁彦不屑地回答我："别和我说那么多含有心灵鸡汤的话

了，我只知道我现在过得不好，我想要飞得更高，想要怒放我的生命。"

"那你就踏实工作，坚持做好自己的事情，等你变得足够优秀了，才能实现自己的梦想呀！"

听了我的话，鲁彦沉默不语。

26岁的鲁彦，重点大学毕业。让人意外的是，他毕业后工作了三年，这三年期间他换了不下10个工作。

从保安到客服，办公室文员到销售员。他做了很多不同的工作，但是每份工作他最多坚持四个月便辞职。

亲戚朋友劝他去考个公务员，有一份稳定的工作。他不愿意，他说朝九晚五的工作会限制他的人生。

没有稳定的工作，意味着没有固定的收入。从小到现在，鲁彦还没有出过本市，他到过的地方数也数得过来，他最远也不过是围绕着省内的城市走了一圈。

上一份工作，他在一家银行当监控员。我问他打算上多久的班，他信誓旦旦地说至少要上一年。

可结果才上了两个月，他就跑到领导办公室，直接裸辞了。他说单位的氛围不好，同事之间不好相处，他认真思考后决定辞职。

领导原本打算给他换一个部门，他直接挥手拒绝，随后扬长而去。

可以说，每次上班之前，鲁彦都说要好好工作，绝不半途而废，但每次他都以辞职告终。

一个人，如果连起码的坚持都做不到，遇到一点儿挫折就想要放弃，在人生的大挫折面前，他注定会遭遇失败。

更何谈诗与远方呢？

没有恒心的人，生活中比比皆是。他们不思进取，得过且过，很难过上想要的生活。最让人痛心的是，他们知道自己的问题，却从没有想过要去改变。

如果你对他们说："坚持就是胜利，只要坚持，你一定能实现梦想。"他们会直接告诉你："我可能注定失败，算了，我还是放弃治疗吧。"

有一次，参加朋友的婚礼，在现场认识了王总。

王总只有27岁，但却开了一家小公司，收入稳定，生活滋润。和他一番聊天，发现他这人最大的优点是，不轻言放弃。

他说小时候家里很穷，为了增加家里的收入，他会在暑假的时候，将家里的鸡蛋拿到市场上去卖，也会跟着小伙伴们上山挖草药，晒干后再卖给商人。高中开始，他便去发传单、当搬运工，做一些兼职的工作。

大学期间，他和同学合伙了开了辅导机构。大学毕业后，他找亲人借了一笔钱，开了一家人才中介公司。

这些年，他吃过许多苦：大学交不起学费，找人借钱交了学费后没有了生活费；公司开好后不知道如何经营……

有时候，他甚至会夜里偷偷地哭，但第二天仍然一脸笑容地面对所有人。

他说，一个人无论遇到什么事情，都要勇敢坚强。不能没有恒心，遇到一件小事，就想着要放弃。

没有人想要坚强，但许多时候除了坚强，你别无选择。面对心中的梦想，你只有咬牙坚持，前方的曙光才会向你招手。

人生来是有惰性的，都想要过上舒适的生活。然而，"宝剑锋从磨砺出，梅花香自苦寒来。"这世间没有轻而易举的成功。

你看到别人在你面前闪闪发光，过着耀眼的生活，殊不知，他在背后默默吃了很多苦。

他也有看不到前方的路在哪里的时候，也有痛苦迷惘挣扎的时光。他不说，不代表就没有。

生活其实是公平的，你付出了多少汗水，便会收获多少果实。如果你总想着不劳而获，做事半途而废。那你过着失败者的生活，就怨不得别人。

天道酬勤。默默坚持的人，一定会有所回报。如果你自制力不高，不能坚持到底，那你需要从现在起，好好改掉这个坏毛病。

1. 学会自我奖励。你之所以经常会半途而废，不能将一件事情持之以恒地完成，是因为你没有在这个过程中感受到快乐，没有继续做完的动力和兴趣了。

想要改变这个状态很简单，每当你做完事情的一部分后，学会奖励自己，比如让自己听一首歌，看一部电影。之后再继续做未完成的事，你会充满动力。

2. 给自己设定一个仪式。你可以在每次开始做事之前，通过一些小仪式暗示自己坚持做好当下的事情，比如你可以通过听一首音乐，听完后就全身心做事。

养成习惯，让仪式给你信心，带着你继续坚持做好每一件重要的事情。

3. 让别人监督自己。你可以试着寻找一些志同道合的朋友，让他们督促你，将你手里的事情坚持到底。比如你想减肥，那你可以加一些减肥的 QQ 群，和群友们一起打卡坚持，把减肥行动坚持下去。

只要你自己想要坚持，就没有人会阻拦。关键在你做事的决心有多大，学会从一件小事做起，坚持到底，终有一天你会成为一个坚韧不拔，所向披靡的人。

二、立即行动，别让拖延害了你

　　这个世界是公平的，你付出多少，就会得到多少。不要等着别人光鲜亮丽，取得成功了你才开始感叹，说自己要是努力了，也一定能取得更好的成就。

　　时间不等人，既然有重要的事情，那就立即展开行动，别让拖延害了你。

　　大学同班同学陈鹏出版自己的新书了，众好友在 KTV 庆祝。

　　陈鹏从小就是个文学爱好者，酷爱读书写作。小学到大学期间，他的文章常常出现在各种报纸杂志上面，获得无数次国内征文比赛大奖。

　　大学毕业那年，他签约了一家出版公司。之后的每年，他都会出一本书。在朋友圈里，他成了大家都羡慕的作家。

　　喝完酒，大家纷纷向陈鹏祝贺："新书大卖，今后在文学路上收获多多！"

　　徐勇却躲在角落，动情地唱着《最初的梦想》。他没有过来跟着大家一起庆祝，因为在他心底，他认为自己其实也是可以出书的。

大二那年，有家出版公司看中了他写的一部小说，公司向他提出修改意见，只要他在三个月的时间内修改好，交给公司的编辑。半年之内，他便会拥有自己的第一本书。

听到消息后，他很激动，发誓一定要努力修改，出版自己的小说。可新鲜劲一过，他就把这事忘得一干二净了。

每天不是忙着看小说，就是忙着去处理社团、系里的各种活动。

他一直安慰自己三个月的时间很长，况且自己改文章的能力很强。只要认真努力，一个月的时间就足够了。

既然时间完全充足，为什么不先做别的事情呢？

这样想着，他便心安理得地把改稿的事情往后推了。

两个月后的某天，他才想起来，自己还得改稿。于是，他匆匆打开电脑，仔细看着自己的稿子。

看了后才发现，自己的稿子存在的问题实在是太多：语句不通顺，人物描写不生动，故事情节不清晰。

修改起来，完全是个大工程。没有三个月的时间，根本修改不完。

现在，只有不到一个月的时间了。来不及细想，徐勇赶鸭子上架般，拼命修改起来。虽然在截稿当天，他顺利交稿了，可惜慌乱中赶下来的稿子质量并不好，编辑最终没有采纳他的稿子，说他修改后的文章还没有之前的好。

他的出书梦因此破碎，这让他很受打击。

如果当初他带着积极认真的态度，去仔细改稿，说不定自己的书早就出版了。

陈鹏见徐勇情绪不对，走到他身边安慰他："其实，你的文笔在我之上，你出书是迟早的事情。不过要记住，做事不能拖延，一旦下定决心了，就要立即去做。不要抱着侥幸心理，认为拖延到最后，自己一样能做好，这只会害了你。"

像徐勇这样做事拖延，到最后错失机会的人有很多。

他们或者抱着时间还有很多，或者抱着自己暂时没灵感等有灵感了再去做等各种各样的心理，以至于该做的事情没有做好，被小小的拖延害得丧失了机会。

时间不等人，不管你有没有注意，时间都会一分一秒地往前走。你有未完成的梦，或者其他重要的事情，请你珍惜时间，立即去做。

即使你最后没有收获成功，也比原地踏步的人要好很多。

至少，你获得了别人所没有的经验。

事实上，那些凡事爱拖延的人，并不是说他们不能把重要的事情做好，而是因为他们没有珍惜时间，把自己的全部精力，都用在上面，到最后，没有时间了，才开始后悔，开始遗憾。

去西藏旅游，是很多人的梦想。对于老张来说，也不例外。

眼看自己就要步入50岁的年纪了，如果再不去西藏走一趟，可能以后想去也去不了了。这不，五一劳动节来了，单位放了7天假。

开完早会，同事们讨论起假期旅游的安排。一番交谈后，老张和老杨约好一起去西藏逛逛。

老杨今年54岁了，之前听朋友说西藏是人间的天堂，他就下定决心以后有空一定要去一趟。刚好同事老张也打算去，于是俩人约好一起结伴同行。

考虑到两人年龄都大了，可能会不适应西藏的高原气候，他们俩报了一个旅行团，打算跟着导游一起去旅游。

出发的那天，所有人都上车了，却不见老杨的身影，老张赶紧打电话给老杨。

电话接通后，老杨抱歉地说自己不去西藏了，理由是自己年纪大了，怕不能适应西藏的高原反应，去了就回不来了。

老张没有说什么，只好一个人跟着团队去了西藏。

一星期后，老张旅游回来了。

同事们看着他在西藏游玩时拍的照片，羡慕不已。原来，西藏的拉萨、林芝、日喀则、阿里这些景点，竟然是那样的美，那样的动人心弦。

老杨坐在椅子上，看着那些关于西藏的照片，开始有些后悔，要是当时他去了，自己也能看到真实的美景了。

老张说，高原反应并没有想象中那么可怕，即使有一点儿高原反应，也可以在景点买氧气瓶，及时吸氧就行。

因为同去的游客中，有 60 岁的老人，他们产生高原反应后，带上氧气瓶后就没事了。

他这一说，老张更是后悔不已。

他曾经发誓自己有生之年，一定要去西藏看一看。可一年又一年，他一拖再拖，总有各种事情缠身，去西藏旅行，始终没有付出实际行动，成了嘴上说说而已。

60 岁那年，老张生病去世了。在闭眼前，他说自己有个遗憾一直压在心里，那就是自己始终没有去西藏看一眼。

人的一生，会遇到各种各样的境遇。这一秒，你是开心的，下一秒，你可能就会面临难过的事情。

我们谁也不能预测自己会发生什么，我们能做的就是活在当下，好好珍惜生命。

关于远方，如果你决定了，趁现在还能走动，那就尽早出发，快速行动起来。

关于梦想，如果你坚定了，趁现在还有毅力，那就奋力拼搏，让它早日实现。

关于生活，如果你热爱了，趁现在还很健康，那就放松心态，好好享受。

不管做什么事，都不要拖延，以为还有明天，以为还有无数的可能在等着你。不，一切尚未可知，你能把握的只有现在，立即行动起来，才是你应该做的。

为了让你摆脱拖延，做好你想要做好的事情，你需要明白以下几点：

1.不留遗憾的人生才完美。生命的精彩需要你自己来实现，如果有重要的事情要做，那就要立即行动。

不要把它交给明天，明天会是什么情况，会发生什么事情，在它到来之前，你永远不会知道。每一天对你来说，都是新的一天。珍惜时间，立即行动，你才能活出有质感的一生。

2.想做什么就去做，别为自己找借口。拖延是个坏习惯，它会让你养成惰性思想，把小的事情拖成严重的事情，最后只能草草收场，让你留下遗憾。

别为自己找借口，别说自己做不到。尽管行动，事在人为，没有什么会难倒你。

3.你现在的每一步，都决定着你未来的路。有梦想，就要去追。如果你因为拖延，让自己失去了更好的机会，说再多的后悔都无济于事。因为你不可能回到过去，重来一笔，抒写新的人生。

想取得成功，并没有什么诀窍，别想着好运会眷顾你。你不努力，也会有好的人生。天下从来没有这样的好事。

梦想是我们前行的灯，你为它努力拼搏了，它才有可能变成现实。你不去努力，它就会永远在那里等你。

重要的事情，立即去完成。不要犹豫不决，迟迟不肯行动，让拖延耽误了你的大事，甚至是你的一生。

三、明确目标，规划好努力方向

没有方向的人，即使拥有雄心壮志，也会容易陷入迷失的状态里无法自拔。有方向的人，却不同。

他们心中有目标，知道前方的路该怎么走。即使一时看不到希望，他们也会坚定地前行，做好重要的事情。

执行力强的人，往往都是有目标的人，往往也是能获得成功的人。他们知道目标就像是指路明灯，能够指引他们，不迷失方向。

想要完成一件重要的事情，你不妨先给自己定好目标，让明确的目标帮助你，圆满完成它。

开会的时候，领导突然当着大家的面，任命谯宇为超市主管，这让在场的员工都感到异常的吃惊。

毕竟，谯宇到公司才三年，论工作资历和经验，无论如何也轮不到他。

看着大家充满疑惑的眼神，领导说出了实情。

35 岁的谯宇，平时在工作中，为人谦和低调。他上班从不迟到早退，虽然是超市的一名防损员，每天做着推车、理货等繁杂的工作，辛苦又枯燥，但他从不抱怨。

同事间无论谁有困难了，他都会第一时间站出来主动帮助他们解决问题。私底下，同事们都说他是一个心地善良的人。

工作之余，他努力学习各种知识，考取了注册会计师、律师职业资格等证件，今年他还获得了在职研究生的学历。

通过层层考验，他得到董事会的批准，成功当上了超市主管。

谯宇，平时不显山露水，可短短三年，他就成功升职，这让在超市干了十多年的老员工惊诧不已。

万事高楼从地起，谯宇说自己能当上超市主管，并不是偶然。

原来，他刚到超市来的那年，超市领导正在换届选举。他之前在一家国有企业做过管理，抱着必赢的信心，他投了简历应聘主管一职。

没想到后来他落选了，经理告诉他，要想做超市的主管，必须要会计算机、要有本科以上的文凭才行。

他当时是大专学历，只能在超市的防损部门上班，做一些推车、检票、理货、看仓库等细碎的工作。

刚开始的一段时间，他想过放弃。想着换一个地方上班，此处不留爷，自有留爷处。可后来他又想，现在去哪里上班，都要有文凭，是金子在哪里都会发光的。

这样一想，他便决定留下来，在超市做防损员。

调整好了心态，他就积极工作，同时向有经验的老员工请教关于管理方面的知识。而下班回到家，他都会拿起书本认真学习。

周末的时候，有很多次单位同事或者亲戚朋友邀请他出去游玩，都被他委婉地拒绝。他下定决心，一定要利用休息的时间考上研究生，同时考取计算机等证件。

在这期间有朋友嘲笑他，他都毫不理会，说自己决定走的路，不管怎样难走，都会咬牙坚持，绝不言弃。

就这样朝着目标默默努力，三年后，他真的实现了当主管的梦想。

像谯宇这样有目标的人有很多，但真正让目标实现的人却少之又少。

在圆梦的路上，最怕的就是三天打鱼，两天晒网。我们每个人，要想过上美好的人生，都只有靠自己的双手去创造才能实现。

有了目标，那只是开始，重要的是，把你的目标落于实处，从现实生活中一步一个脚印地去把它完成。时间久了，你想要实现的梦想自然会实现。

大三那年，萧宇和孔祥约好一起考研究生。

他们选好学校，买了学习资料后，正式开启了考研模式。

每天他俩一起去图书馆占座，一起学习。

一年后，萧宇顺利考上了理想的学校，而孔祥则考研失败，名落孙山。在家人的帮助下，孔祥进了亲戚所开的公司上班，做起了销售员的工作。

看着好友萧宇在朋友圈晒研究生生活的各种照片后，他很是羡慕。

他明白，其实他当年没有考上研究生，根本原因还是在自己。

在图书馆学习的时候，他一会儿玩手机，一会儿看课外书，没有像萧宇一样，看书就看书，绝不做与学习无关的事情。

他当时还取笑萧宇在笔记本上写了"考研时间安排表"，说还有一年的时间可以准备，轻松地学习就好了，犯不着把时间安排得太紧张，过于认真对待。

萧宇语重心长地告诉他，考研拼的就是时间和效率，只有利用有限的时间，把专业课和公共课的分数都提高了才有希望。

他听后不以为然，仍然我行我素，不把复习当一回事。报的政治辅导班，他没有去，报的英语辅导班他也没有去。

等第二年还差一个月就要考试时，他才反应过来，自己的政治重要知识点没有背，该背的英语单词也没有背，就连占考研分数300分的专业课本，他都没有认真看完。

考试的时候，他满脑子一片空白，许多平时会做的题目也完全不会做了。

最后，他总分太少，没有进入录取线，考研失败。而认真准备，积极备考的萧宇以460分的高分被北京的一所名牌大学录取。

不管孔祥有多么后悔，时间已过，他只有羡慕的份了。

工作不顺利的他，现在又想到了考公务员。萧宇给他打来电话，叮嘱他这次再也不能敷衍了事了，一定要根据自己的目标，付出实际努力了，才会有好的结果。

痛定思痛后，孔祥报了一个公务员考试的辅导班。

每个周末，他都按时去听课，做笔记。回到家，他也认真复习。他甚至把手机微信、QQ、微博等影响他学习的软件都全部卸载了。

他下定决心，一定要考上公务员，不再重蹈覆辙了。

听了无数节课，刷了无数遍题，看了无数遍笔记，最后他终于顺利通过公务员考试，成功地上了岸。

这时，他才明白：凡事只有下定决心，努力去做了，才有成功的可能，而不是光说不做，或者不去埋头坚持。

也就是说，决定了目标，就风雨无阻，勇敢前行。对于想要成功的你来说，这点尤为重要。

有一个明确的目标，会对你做起事来起着事半功倍的效果。要如何才能定好目标？

1. 目标要贴近你的实际情况。目标太大或者目标太小，都不好。只有最适合你的目标，才能起到激励你、督促你的作用。

在定目标的时候，不要好高骛远，追求不切实际的成果。你需要根据自己的实际情况来灵活安排，比如先定一个小目标，完成后再定一个大目标。

2. 随时修正自己的目标。有时候，你的生活可能会发生一些意外的情况，你定下的目标不能及时完成，或者你在跟着目标走的时候，发现目标还有可以完善的地方，这时候，你可以停下来，对目标进行修正，让你的目标能及时跟进你的生活情况，更好地为你服务。

3. 给目标规定好时限。我们定好目标，重要的是去完成它。因此，在定目标的时候，你必须要有一定的时间限制。你可以定短期目标、中期目标、长期目标。

但每一个目标，都必须要有阶段性的时间点和分目标，这样才能保证最终目标的实现。什么时候必须完成，你要把它写出来。

4. 给自己写下赏罚标准。如果你当天没有完成自己的既定目标，你必须要接受自己的惩罚，比如你可以惩罚自己：一天内不准玩手机，围绕小区跑20圈。

相反，当你完成了既定目标，你可以奖励自己看一场电影，逛一下公园等方式来激励自己。通过这样有奖有罚，让你明白严格遵守目标的重要性。

不管做什么，人们最讨厌的就是那些只说不做的人，最喜欢的则是那些不动声色，静悄悄地把事情给做好的人。

这个世界上，说得漂亮的人，永远没有做得漂亮的人，更能够获得他人的青睐。衡量一个人是否优秀的标准之一，便是他能否真的把事情给圆满完成。

倘若，你真的心有目标，那么就请用你的实力，把它顺利完成。

四、思考总结，做好重要的事情

善于思考和总结的人，能够从一件平常的事情中发现规律。相比其他人，他们更懂得利用自己的规律，做好重要的事情，从而成就自己。

要想做好重要的事情，离不开一个人的思考总结。

一个方法对你有没有用，只是听一听不去实际行动，你永远不知道真正的效果会如何。想要快速做好一件事情，你只有亲自实践，认真思考和总结，才能知道有没有更好的方法来完成它。

现在的信息越来越发达，很多时候，你想要了解某方面的知识，只要上网查一查就会知道相关的信息。

但信息是否真的有用，还需要你仔细辨别。

袁竹最近想要减肥，听朋友们说运动减肥是最有效果的，有朋友说游泳减肥比较有效果，只要坚持下去就好。

游泳一直是袁竹最喜欢的运动，听了朋友的建议，他去市游泳馆办了会员卡，决定每周至少去游泳两到三次。

就这样，袁竹坚持了 3 个月，他发现自己没有成功减肥，体重反而增加了 10 斤。

原来，袁竹每次游泳后，食欲都会大增，他控制不住自己，每回都是美美地吃一餐。

他经过认真思考，得出结论：游泳减肥并不适合自己。

后来，又有朋友们给他推荐了美食减肥法、羽毛球运动减肥法，他一一尝试后，发现这些方法都不适合自己。

最后，袁竹还是摸索出了一套自己的减肥方法，每天饭后坚持跑 1000 米。三个月后，他成功减了 6 斤。

如同袁竹减肥一样，别人的建议再好也只是一家之言，是否适合你，还不能一下子就判断。凡事只有亲自尝试，总结经验，你才知道该如何用更好的办法完成它。

生活中，会分散我们精力的事情有很多，稍不注意，我们便会将重要的事情忘得一干二净。提前做好备忘录，随时提醒自己，对我们来说显得尤为重要。

上一周，领导和舒凯去外地出差，领导吩咐舒凯回去后写一份心得体会。

回到单位后，由于工作太忙，舒凯忘记了这件事情。结果今天早上，领导到办公室叫舒凯交心得体会时，他才想起来。

在工作中，不管是大事还是小事，舒凯总是会忘记。为了这件事，领导再次提醒舒凯，好记性不如烂笔头，自己要养成习惯，将重要的事情用笔记下来。

刚开始，舒凯还带着一个小的笔记本。无论是开会，还是领导临时交代的事情，他都会认真记录下来。

可时间久后，尤其是像跟着领导出差这样的情况，舒凯常常会忘记随身携带好记事本。他以为领导不会交代重要的事情，可每次领导偏偏在出差的时候给他安排工作。

一回到单位，舒凯便把领导吩咐的工作忘得一干二净了。要如何提醒自己记住重要的事情，曾经深深困扰着他。

舒凯也向同事们请教过，有人建议他下载类似"时间专家""敬业签"这样的备忘录软件。舒凯下载使用后发现，这些软件虽然好，但并不适合自己。

舒凯的工作内容比较烦琐，在办公室如果领导交代的事情，他能及时用这些软件记录下来，花时间把它们做好。

但舒凯常常要跟着领导在外出差，他需要及时记录下领导的讲话以及领导安排的其他工作。

通过自己的总结，舒凯发现自己的手机上就有备忘录的功能，他只要在上面做好记录，需要的时候能随时用 QQ、微信的方式传到电脑上。

这样一来，他记录的信息不会丢失，还能快速传到网上，方便自己及时处理好工作。

当领导安排好工作，舒凯用手机备忘录记好后，发现自己的办事效率高了不少，再也没有出现过遗忘的事情。

很多时候，我们遇到一件事情时，会想着找别人帮忙处理。但却忘了，问问自己我们是否能想出更好的办法。

如何做好一件事情，如何将这件事情更高效地完成？不要总是想着去问别人，学会自我思考和总结，你自己想出来的方法才适合你。

1.经过自己总结的方法将更实用。别人的方法也许会有用，但他们的方法再好，也未必适合你。

如果你能通过积极思考，创造出属于你自己的方法，将会对你更实用。比如，如何才能更有效地减肥。你不用去网上搜方法，也不用听朋友们的各种奇思妙想。

你可以根据自己的目标和实际情况，亲自去实践总结，你会发现靠自己的实际经验加总结，你更有可能减肥成功。

2.多问自己几个为什么。喜欢思考的人，凡事会问自己几个为什么。他们从不会听了别人的话就盲目相信。

如果你想变得有创新能力，你可以在生活中养成多问几个为什么的思维习惯。比如要如何才能将手里的工作做完。

你多问问自己，所有的方法都试过了吗？有没有更好的方法？通过提问，你再自己寻找答案，对你解决问题有巨大的作用。

3.不要依赖别人。一件事情，该如何完成？许多职场新员工在面对难题的时候，往往会犯张口就问老员工的习惯。

他们从来不思考，是否能通过自己的力量将它们完成。如果你也像他们一样，遇到一件难题就去问别人，不主动思考，那你将不会有发现问题、解决问题的能力，永远要依赖别人才能做好一件事情。

4.学会归纳概括。一件重要的事情做完后，你不能沾沾自喜，有这个时间你还不如归纳概括。

一篇材料修改了多遍后，你才得到领导的通过。你可以花时间总结一下，你的问题出现在哪里，以后遇到类似的问题该如何避免。

通过这样思考和总结，将对你重复犯错，提高工作能力有很大帮助。

细心的人，能够通过一件小事发现别人发现不了的契机。他们善于思考总结，将自己的心得用于工作和生活中。

这也是为什么他们能比其他人高效率地完成工作，在有限的时间内做更多的事情，最终成就自我的原因。

五、提升专注力，帮你完成重要事情

日本作家村上春树说："跑步是为什么？为了专注力。"就是把自己所拥有的有限才能，专注到必要的一点的能力，如果没有这个，什么重要的事情都无法达成。

什么是专注力，专注力有助于我们完成重要的事情吗？

现在的生活越来越忙碌，你很想同时做好许多事情，这比较困难，但你却可以提升专注力，做好一件重要的事情。

集中精力，专心地投入你正在做的事情中，就是一种专注力。事实证明，专注力强的人不容易分心，更能够将一件事情做好。

在读书分享会的现场，何婷分享了她的故事。

何婷说，她经常看到朋友圈有人在炫耀"今天读了什么书，明天又读了什么书"，她很羡慕读书多的人，觉得他们很有文化。

因此，她下决心要一个月读10本书，一年读120本，5年内读600本书。她为自己的计划感到高兴。

她跑到书店买了一大堆书，打算每天下班或者周末空闲的时间里阅读。刚开始，她信心满满，可看着看着书，她就有些犯困了。

后来她安慰自己说："没关系，不是还有明天吗？明天再多看一点儿好了。"等到第二天，她被一些小事耽搁，结果她又把看书推到了明天。

有时候，她好不容易坐在书桌上准备看书，朋友打电话来，"你在追热播剧吗？听说最近刚开播的新剧挺火的！"

"是吗？有多火啊？"接着她就和朋友开始了热烈的聊天。聊完天之后，她觉得不过瘾，干脆跑到电脑面前，搜索新剧认真地看了起来。

周末的时候，原本她打算在家闭关看书。但朋友打电话邀请她去 KTV 唱歌，没有多想她便去赴约了。

唱完歌回到家，她才想起说好的书又没有看完，只能等着明天再看了。

就这样一天拖一天，每天都有各种各样的事情在等着她。三个月过去了，她一本书也没有看完。

何婷的故事，就是一个没有专注力的表现。

许多人也和何婷一样，总是在做一件事的时候，被其他事情分心，不能专心地做好手里的事情。导致最后，时间过去了，自己手里的事情却没有完成。

要想把事情做完，你得提升你的专注力，一心一意将手里的事情做好。有多余的时间了，再去做其他的事情。

别捡了芝麻丢了西瓜，这样只会害得你一事无成。

心理学家曾经做过一项实验，他们得出的结论：当人们心里想的事跟做的事一致的时候，感受最快乐。

专注地去做一件事情，能获得愉悦感体验的状态，就是我们常说的"心流"状态。

所谓"心流"，指的是当你特别专注地做一件目标明确又有挑战的事情，而你的能力恰好能接住这个挑战，你可能会进入的一种状态。

如果你能拥有"心流"状态，你会发现全身充满了动力，你仿佛忘记了时间的流逝，精力只集中在你正在做的事情上，神奇般地将事情又快又好地完成。

一天深夜，好哥们儿林昊兴奋地告诉我，说他亲自感受到了"心流"状态的好处。

前几个月，林昊接了一本新书。他原本计划一个月内写好，结果一个月过去了，他还没有动笔。

林昊说，他买了许多相关的书籍，看了无数遍也还是没有灵感，不知从何处下手。他甚至想要和出版公司商量，直接不写了。

突然有一天，他关掉房间里的电视，还有身边的手机。他试着告诉自己，忘掉一切烦恼和压力，思考自己为什么要写书，当初写书的目的是什么。

渐渐地，他开始找回了一种想要写文字的感觉。于是，他迅速打开电脑，专心地投入写作的状态中。

等他关掉电脑，才发现窗外的天早已从黑变亮，新的一天已经到来。再看电脑，他发现一个晚上，他写了一万多字。

接下来的 10 多天，他每天晚上坐在电脑面前，什么也不想，只是将电脑打开，在键盘上敲打着文字。

他的新书渐渐地从1万字变成12万字，最后他检查一遍，交给了编辑。他说这个过程中他觉得自己非常得愉悦。

就好像他和文字融为一体了，写作变得有趣起来。直到交完稿后，他才意识到时间已经过去了10多天。

而他还有种错觉，仿佛时间还停留在昨天。

他告诉我，他的状态就是所谓的"心流"状态。

实际上，一旦你忘我地投入工作中，专注地做好工作。你不会觉得心浮气躁，你只会踏实地享受整个过程，感受到特别愉快的体验，直至将工作完成。

许多时候，我们会高估自己的能力，觉得事情只是小事一桩，我们能轻松将它搞定。但我们真正去做事的时候，才发现是我们低估了事情的复杂性。

因为觉得事情太难，你有了畏难情绪，有了拖延症的毛病。你安慰自己说，还有明天，明天你再来处理。

可越是这样自我安慰，自我欺骗，你的问题越是无法解决。其实，事情并没有那么复杂，你并不是真的不能完成。

你只是没有将事情合理分类，没有将自己的时间管理好，以至于你分了心，不能集中精力将事情一件一件地完成。

相信我，只要你不心猿意马，能专注地做好手中的事情。时间久了，你就会比别人优秀许多，你也能将重要的事情顺利完成。

当然，提升专注力，有许多方法，比如下面介绍的几种。

1.营造专注的环境。嘈杂喧闹的环境，通常会让你心情烦闷，轻松安静的环境则会让你感到安静愉悦。为了有愉悦的心情，你可以选择在轻松安静的环境下工作。如果你觉得有音乐的陪伴你更能专注，那你也可以放一些舒缓的音乐。

2. 刨除私心杂念。我们每个人是现实生活中活生生的人，难免会被外界环境所干扰。但不管外界环境如何，你都要有自己的世界，在做事的时候，不要被一些负面的东西影响心情，做好你该做的事情，再去管其他。

3. 做好理性规划。学会找到自己最专注的时间段，将它们合理规划，把最重要的事情放在这个时间段来做，其余时间再做一小事情。比如早上起来，你注意力最集中，那你用来记忆复杂的知识。

注意力分散的敌人就是专注力，想要提升专注力并不难。只要你肯善于总结和学习，你也能轻松掌握专注力，提高你的工作效率，做好更多重要的事情。

六、好的心态助你做好重要事情

心态好的人，能够用积极向上的心态去面对一件事情。他们情绪稳定，能够想出办法将困难的事情做好。

心态不好的人，在面对一件困难的事情时，很容易垂头丧气，自我否定，还没有开始就认为自己不能完成。

好的心态，不仅能给我们积极向上的精神面貌，在做好一件重要的事情时，也能给我们树立动力，增加能量，帮助我们将重要的事情尽快做好。

韩瑞和几个同事被总公司调到分公司当销售主管，负责带领员工们做好销售方面的工作，分公司在郊区，刚成立不久，业绩一直不好。

如何将分公司的销售业绩提上去，成了公司的重点。但新成立的公司，想要短时间内提高销售业绩是一件很困难的事情。

有几个同事知道自己要被调到分公司后，就陆续辞职了。

最后只有韩瑞一个人去了分公司。韩瑞没有让经理失望，他到分公司才半年，分公司的销售业绩便有了很大的提高。

韩瑞因为表现出色，被经理重新调回了总部。同事们对韩瑞在分公司的表现很好奇，通过和韩瑞聊天后，大家才知道了实情。

韩瑞到了分公司，发现那里的员工工作没有激情，上班状态不好。大家上班的时候，有顾客来了就招呼一下，没有顾客的时候则挤在一旁悄悄聊天。

如何调动大家的积极性，认真工作，卖出更多的产品，成了摆在韩瑞面前最重要的一件事情。

最初，韩瑞也觉得头疼。经过多次和员工们聊天，韩瑞知道了分公司只要做活动，顾客的人流量会变多，大家的积极性才会跟着提高，销售业绩才有提高的可能。

为了调动起大家的激情，韩瑞经过申请，在分公司开展了几次重要的销售活动。

在活动中，他与员工们一起谈心，传授相关的销售知识。渐渐地，员工的工作状态有了改变，在销售中也更加热情和卖力。

随着销售业绩的提高，员工拿到了更高的提成。在平时的工作中，他们也开始更加卖力地工作了。

韩瑞讲完后，大家鼓起了热烈的掌声。

虽然被分配到了分公司，但韩瑞并没有抱怨。他积极调整心态，帮员工们树立信心，成功做好了销售的工作。

心态好，再大的事情都不会影响你，而如果心态不好一件小事就会把你击垮。不要害怕困难，困难来了勇敢克服就好。

周海为了参加今年的司法考试，复习了半年。结果还有一周就要考试的时候，周海突然重感冒，每天在诊所打针输液。

这期间，他的感冒一直没有好。心情郁闷的他，书也看不进去，整天开始胡思乱想。他想自己这次肯定不能顺利通过司法考试了，一想到自己复习了半年，最后竟然因为感冒耽误了复习。

周海的心情就更加复杂，他觉得自己真倒霉。就在他想要放弃参加考试的时候，朋友来看望他，给他做了思想工作。

朋友说："既然你都复习了半年，怎么能因为一个小小的感冒就放弃了呢？"周海说感冒影响了他的心情，他没有心思做好接下来的复习了。

朋友听后，耐心地告诉他："你要调整好自己的心态，不去考试你就是个逃兵。最重要的是你都复习了半年，已经复习了不少知识，没有参加考试就认输，你真的甘心吗？"

在朋友的认真劝说下，周海最终还是决定要参加考试。

考试当天，周海努力告诉自己，复习了半年一定能通过。他沉着应战，结果他竟然以高分通过了司法考试，拿到了梦寐以求的 A 证。

生活中，随时可能发生意想不到的事情。只要你足够坚强和勇敢，它们并不能真的影响到你，怕只怕你夸大了这些小困难，被它们打垮。

笑一笑，没有什么大不了。保持良好心态，将所有的小事情克服，去做你认为重要的事情。你会发现，只要你认真去做了，真的就能收到回报。

不要给自己找借口，说自己没有做好准备。这只是在欺骗你自己，不肯行动而已。

1. 相信事在人为。一件事情来了，不管它是大事还是小事，如果你去做了，至少成功了一半。如果你停在原地，害怕自己不能完成，不肯去动手做，事情只会永远摆在那里。做是第一步，至于在做的过程中会遇到什么问题，那是之后的事情了。你要做的是，别担心那么多，先去行动，遇到了问题再一步一步解决。

2. 不要找借口证明自己能力不行。在困难面前，我们会将一件事情夸大，觉得凭自己的能力不可能完成。

你不去尝试，不去克服，你怎么知道自己完不成？许多时候，我们的潜力是无限的。不要试图给自己找证据，证明自己能力不足。如果你知道能力不足，那就弥补这方面的能力。

一边去想办法完成它，一边提升自己的相关能力。等你把这件事做好后，你发现你会得到质的提升。

3. 在重大事情面前，哭解决不了任何问题。大雨来了，你要迅速躲雨，只留在原地等雨停的你，注定会被雨淋湿。

无论遇到什么事情，不要想着哭，而是要想着用什么办法才能将它解决。相信自己，勇敢地战胜自己害怕的情绪。

跨过自我畏惧，自我害怕的情绪，你会知道在困难面前，方法总比困难多。你只需加油，做自己应该做的事情就好。

4. 试着放松自己，用最好的状态做重要的事情。心态好，你的思路和精力才会好，你能更轻松地做好一件事情。

当你觉得自己精力不集中，无法将一件重要的事情做好时，你可以停下来调整好自己的状态，采取听音乐、看电影、旅游等方式放松自己。

不要给自己太多压力，等你恢复了轻松的状态后，再来做一件事情，将会有事半功倍的效果。

懂得调整心态的人，面临任何处境，都会淡定自若，用一颗平静的心去面对。遇到重要的事情，你用最好的心态去面对，它们终会像纸老虎般轻松被你解决。

七、认真做好一件事，比什么都重要

我们每个人在工作和生活中，都想把事情做得面面俱到，将每件事情都做得完美无缺。

世界上真有这么好的事情吗？认知心理学告诉我们：人在同一时刻只能有一个注意焦点，而注意焦点的频繁切换，会导致工作效率的大幅度下降。

所以，追求完美的你，醒醒吧，你的精力有限，认真做好一件事情就好。

诗人木心在《从前慢》里写过这样的句子：从前车马很慢，书信很远，一生只够爱一个人。这首诗中除了表达诗人怀念过去美好的生活外，还表达了时间有限的问题。

也就是那句：一生只够爱一人。

你想过没有，一天只有 24 小时，你要怎么用这 24 小时，才能过好这一天吗？

现在的生活节奏太快，我们每天匆忙地起早上班，在办公室忙着手里的工作，下班后回到家，想做点什么，一晃就到了睡觉的时间。

一个人要想做出点成绩，往往是取决于朝九晚五下班之外的几个小时，他在做什么。于是有许多人开始变得有些焦躁不安起来。

总是把自己的日程安排得满满的，想要在有限的时间内做更多的事情。可到年终，才发现自己什么也没有完成。

于是开始在朋友圈写下类似"新年快乐，希望新的一年有新的收获"这样的豪言壮语，然后继续过着不断制订计划，不断自我挣扎的日子。

为过上更好的生活而努力，本来是件好事。但计划太多，任务太满未必就是好事。与其给自己制订那么多计划，你还不如认真做好一件事。

像所有不甘过平凡生活的年轻人那样，史艳给自己报了许多班，有烹饪、法语、小提琴、油画……

每天下班，别的同事是直接拎包准备回家。史艳是匆忙吃好饭，去各种培训班学习，晚上坐晚班交通车回家。

她说，女生要懂得投资自己，这是做一个优雅女士的必备知识。周末的时候，朋友们约她一起出去玩。

她会一口拒绝："不好意思，我没有空，下次再约。"结果一年了，也没有和她约成功过。

但学了一年的培训班，让人大失所望的是，史艳便没有什么明显的反应。她的厨艺没有提高，法语水平没有提高，就连油画也还是老样子。

她说，每次去上培训班都觉得很累，常常是老师在台上卖命地讲课，她在台下津津有味地睡觉。

什么都想要，却什么也没做好。

"你就没想过试着将自己的培训科目调整一下吗？比如选一个你最喜欢的科目，认真去学好它，这样不是更好吗？"

面对朋友们的建议，认真反省后的史艳最终决定推掉所有的课程，只报小提琴班，好好学习。

这样调整过后，史艳发现自己轻松了许多。她不再像以前一样，每天下班后就去上培训课，而是固定在周末去学小提琴。

一年后，她优雅地在朋友们面前奏了一曲《花儿为什么这样红》，收到了朋友们热烈的掌声后，她才意识到自己做了一个正确的选择。

人的精力不多，认真做好一件事，比花时间同时做许多事，会更能在短时间内取得成效。

重阳节去朋友家玩，朋友小邓和我说，他最近很焦虑。

他在一家公司上班一年多了，觉得这个工作太累了，想要考导游证，当一名导游。于是他报了一个辅导班，每天下班后他要在家复习，周末再去辅导机构上课。

可他觉得这样的时间太紧了，还有两个月就要开始全国导游资格证考试了，他连最基本的知识点都没有复习好。

只要一想到考试没有顺利过关，他的心里就觉得有一块石头堵着一般压得自己很难受，导致上班的时候精力不集中，工作频频出错，被领导责骂。

我听完后，问他："你是真的很想要考导游证，还是只是嘴上说说而已？"

他双眼顿时闪出一丝亮光："怎么是随口说说呢？我大学学的是旅游管理专业，从事导游一直是我的梦想，现在这个梦想一直在我脑海里闪烁，我要把它拾起来。"

我试探性地问他："你能为自己这个梦想付出的最大代价是什么？失去目前的这份工作愿意吗？"

他撇了撇嘴，一脸不屑："那有什么，我本来就想辞职，专心复习的。"

"既然你都想好了，为什么不辞职呢？"他有些犹豫地张了张嘴，最终一句话也没有说。

于是我告诉他："如果你的时间不多，导游又是你的梦想，那你就全身心投入好了，专心做一件事，成功率会高很多。"

后来，他打电话对我说，他辞职了。再后来，他告诉我，他成功拿到了导游资格证。

你向往远方，又担心远方的路不好走。你被自己的担忧吓住了，不肯迈出前行的步伐，有谁能帮助你？

同样的，你既想做好这件事，又想做好另外一件事。你只有一只手，怎么可能将所有的事情都完美地做好呢？

学会减负，学会告诉自己，并不是每件事都很重要。该放的事情就要放下，该缓一缓的事情就要让它缓一缓。

轻装简行，你才能到达目的地。

认真做好一件事，比什么都重要。

1.懂得适可而止，不要太追求完美。一个人的精力是有限的，如果你过于耗费自己的精力，想要面面俱到，你的注意力、体力只会跟着下降。这样，别说同时完成许多事，很可能一件事情也完成不了。

2.目标越少，你越能取得成就。给自己增加过多目标，一旦不能顺利完成，你会产生巨大的落差感，与其拼命完成太多的目标，不如学会削减目标，认真做好一件事情就好。

3.简化工作，只做最关键的一部分。学会化繁为简，巧妙用力。将事情拆分，只做最关键的一部分。你便能花少量的时间，做好一件重要的事情。

无论是谁，都不可能同时做好许多事情。面临选择的时候，你要清醒地意识到：从效益上来说，做一件有用的事，要胜过做N件无用的事。

要知道，一口吃不成胖子。

最终决定你是否能取得更大成就的不是你的能力，而是你的目标数。认真做好一件事，你才能更快地完成它，为自己赢得时间去做更多你想要完成的事情。

积极努力，做好生活中的重要事情

一、与人交往，把诚信放在第一位

信任是人与人之间交往的基础，如果你在与他人交往的过程中不讲诚信，那你的信誉就会受到影响。时间久了，没有人愿意相信你。到时候，你花再多的时间都很难找回别人对你的信任。

学会做人，学会讲诚信，这是一件很重要的事情，我们千万不能忽视了它。

赵曼和闺密杨岚曾经是一对无话不谈的好友，可现在她们却变成了陌生人，两人断绝了关系，断了一切联络。

闺密杨岚有一个最大的毛病，就是不讲诚信。最初，赵曼觉得毕竟是闺密关系，可以选择包容她。

但直至赵曼被她骗去了6万多元的现金后，赵曼才忍无可忍，和她断了联系。

刚开始，杨岚总是找赵曼借钱，她说自己爸爸生病了，需要借1万元急用，下个月发工资了就还她。

赵曼当时手里没有钱，她想着毕竟是闺密，不能见死不救，于是将信用卡里的钱取出来给了杨岚。

后来，杨岚又多次找赵曼借钱。理由总是多种多样，有时候她说自己要做生意需要一笔启动资金，有时候她干脆直接说手里没有钱，需要急用。

每次她借钱的时候，都说好下个月会还钱。然而时间一到，她就关掉手机，保持失联状态。

赵曼在一家小公司上班，每月到手的工资仅 4000 多元，除去日常开支，她的经济也很紧张，再加上她又总是把钱借给杨岚。

以至于有许多次，赵曼都不得不找朋友借钱。

碍于闺密关系，赵曼不好意思找杨岚还钱。但有一次和朋友们无意中聊天，赵曼才知道，原来杨岚在朋友圈的名声并不好。

大家都有相同的苦恼，说杨岚曾经分别找她们借过钱，而且最终也是一分钱也没有还。有人说，可能她借的钱太多，知道还不上，已经去了别的城市。

赵曼也试着联系过杨岚的微信、QQ 等社交软件，但始终没有收到她的任何回复。

像杨岚这样借了钱不还，最后又玩失踪的人，是不讲诚信不被人喜欢的人。她如果能及时出现，并将所借的钱悉数归还，还有可能得到人们的信任。

她选择一走了之，只会让人们对她感到心寒。

昊天经过朋友的介绍，认识了现在的女朋友小敏。他们相处了一段时间，小敏对他的印象还不错，可渐渐地小敏却发现昊天这个人有个大毛病，就是不讲诚信。

有一次，小敏和昊天约好去剧院听钢琴演奏会。小敏买好了票，提前半个小时到了现场，结果她等了很久，也没有等到昊天的人影出现。

演奏会快结束的时候，昊天才打电话给她，说自己临时有事情所以没有来赴约，请她谅解。小敏想了想，觉得谁都有急事，于是原谅了他。

没过多久，小敏和爸爸妈妈隆重地介绍了昊天，爸妈对昊天很满意，安排好下周星期三在家做饭等他来吃晚饭。

昊天知道后，高兴地答应说自己一定准时赴约。结果星期三那天，小敏和爸妈把饭菜端到了饭桌上，等了昊天半个多小时也没有见他来。

小敏生气地打电话给昊天："我们全家等你半个多小时了，你什么时候才到呀？"

昊天接到电话，回答道："不好意思，小敏，我今天要加班来不了，你替我向叔叔阿姨道歉，改天我再请他们吃饭。"

小敏原本还想说几句话，昊天直接挂掉了电话。像这样的事情还有很多，每次昊天都有各种理由为自己开脱。

他从不提前说，每次都是事后才说。这让小敏觉得昊天这人不讲信用，是个不能托付终身的人。

最后，她觉得再这样相处下去也没有什么意思，果断地和昊天断绝了关系。

准时赴约，是一件说到就必须做到的事情。如果你做不到，至少你也应该提前说出来，好让别人能安排时间。

信守承诺，是与人交往的基本素质和礼貌。如果你不守信用，让别人不敢相信你，那你又怎么能获得别人对你的认可呢？

你的信誉关系到你的人品，在很多时候甚至会决定你的个人命运，你千万不要觉得它是一件小事，不需要认真对待。

1. 答应别人的事情一定要做到。"君子一言，驷马难追"。这句话是用来形容信守承诺的重要性的。你答应了别人的事情，会让别人对你产生了期待，如果到最后你不能做到，只会让对方感到失望。

答应了别人的事情，能做到一定要尽力去做到，即使后面发生了意外情况，你也要提前告诉对方，让他做好心理准备，不至于对你产生不良影响。

2. 不要随便许下承诺。有时候，在一些场合你会因为一时有了兴致，没有思考清楚就胡乱答应了别人做某件事情。

也许你当时没放在心上，但别人却把你的承诺放在心上。如果最后你不能履行你的承诺，只会让对方觉得你是个不守信用的人。

话不可以乱说，说了就一定要做到。你要把这句话谨记于心，提醒自己在任何场合都要注意自己的言辞。

3. 要实事求是，不给自己找借口狡辩。以诚待人，言而有信，是我们每个人都应该做到的基本品质。

如果你因为突发的事情，没能参加朋友的赴约，或者没能履行你的承诺，你大可以直接告诉对方具体原因，正确获得对方的原谅。

不要害怕被对方指责，而给自己找理由狡辩，明明是你错了，你还不承认，只会让对方觉得你这个人更加不能信任，你反而会因小失大，让对方不再信任你。

为人处世，是我们每个人都必须要面对的问题。与人交往，讲诚信，不轻易许诺，许了就一定做到的人，会让人产生信任，在生活中拥有更多的朋友。

诚信不是一件小事情，千万不要觉得诚信无所谓，你一旦失去了他人对你的信任，想要挽回将难上加难。

二、孝敬父母，把和睦放在第一位

许多人觉得孝敬爸妈，只要给他们足够的钱，让他们有钱花就是孝敬了。可在爸妈看来，他们更多希望子女能陪伴在他们身边，即使不能陪伴，也希望家庭成员在一起时能和睦相处。

现实生活中，却常常有子女为了一点儿小事和爸妈吵架、闹矛盾。将家庭和睦忘得一干二净。

父母含辛茹苦将我们养大，并不是希望我们能给他们多少的回报。只是希望一家人能和睦相处，尽享天伦之乐。

无论是电视还是现实中，经常会有家庭不和睦的事件出现。

前不久，田姝和爸妈为了房子的事情大吵了一架。

田姝有一个姐姐，姐姐生病多年，生活条件艰苦。爸妈经过商量，将名下多余的一套房子准备过户给姐姐。

田姝听到这消息后，立即赶回爸妈家，和爸妈吵了起来："我也是你们的女儿，凭什么房子就要给姐姐，我一分钱也拿不到呢？"

爸妈解释说："你是一名公务员，你的条件比你姐姐要好很多。你姐姐身体不方便，我们自然会偏向她一点儿。但我们对你的爱是一样多的。"

田姝没有听爸妈的解释，她越想越气。一气之下，竟然又跑到姐姐家，准备和姐姐吵架。

她刚到姐姐家，姐姐便对她说："你放心，房子是爸妈的财产，我自己有房子，我是不会要的。"后来，爸妈经过一番思考，最终将房子卖出去后，分成了两份，姐妹两人分得同样多的钱。

得到钱以后，田姝还是觉得爸妈偏心。这些年，她参加工作后就很少去看望爸妈，有几次爸妈生病住院了，也都是姐姐一个人在医院照顾他们，田姝很少照顾爸妈。

房子是一笔财产，爸妈最后公平地将房子平分给了两姐妹。按道理来说，这本来没有错。但田姝却因此和父母断绝了往来，每当过年过节的时候，爸妈想到田姝，心里就感到难过。

一家人在一起是缘分，家庭的和睦十分重要。为人子女，理应该照顾父母，不要想着从他们身上得到他们的财产。

退一步说，房子是他们的，他们想给谁就给谁。和房子相比，亲情才是最重要的。

家庭和睦，子女听话孝顺，这是所有父母的期望。现实中，这样的期望却很少能真正实现。

许多人在小的时候，还能听父母的话。等父母老了，需要他们的时候，他们就表现出了各种不耐烦、不孝顺的行为。

潘明经常和爸妈吵架，朋友都劝他和父母和睦相处，毕竟父母是生养我们的人。可潘明却从来没有将朋友的话听进去。

有一次，潘明生病，母亲陪着他去医院做了检查。在排队的时候母亲和周围的人聊天，聊了十多分钟。

潘明朝着母亲大吼："你瞎聊什么呢？废话怎么那么多。"

母亲笑了笑，解释说："我刚遇到了一个人，觉得和她很投缘，就聊了起来。"医生在给潘明检查身体的时候，母亲不停地在问医生："大夫，我孩子没什么事吧？"

医生耐心地给她解释，说不用担心，只是普通的小毛病，回家注意休息，好好调养就行。潘明这时生气了，他凶狠地看着母亲，不耐烦地说："你不要说话了，行不？怎么老说个不停！"

母亲已经60多岁了，听说儿子的身体不好，要到医院来检查。她顾不得行动不便，再三劝说，儿子才同意和她一同来医院。

其他病人看到潘明这样吼母亲，在背后轻声地说："这人真不孝顺母亲，亏他母亲还来医院陪他看病。"

对于父母来说，自己的孩子无论到了多大的年纪，都是他们心里的小孩子。他们希望孩子能健康成长，一生平安。

孝敬父母，是每个孩子应尽的责任。如果你老了，你的孩子对你不闻不问，甚至对你恶语相加，你会做何感想呢？

把和睦放在第一位，不要总是忽略了父母的内心感受。他们老了，把所有宝贵的时间和精力都用在了抚养我们成人的这件事情上。

你要理解父母，体谅父母，将孝顺父母用实际行动表现出来，让他们安享晚年，没有白疼你这个孩子。

1. 有时间多回家看看。父母年纪越来越大，我们与他们相处的时间一年比一年少。如果你有时间，记得常回家看看。和父母聊聊天，关心他们的生活，会让他们感到温暖。

不要总觉得时间还有很多，你要努力挣钱，等挣够了钱再去看望父母。对于父母来说，他们并不需要你的钱，只是你去看他们就好。

2. 不要总和父母吵架。父母老了，你会觉得他们啰唆，说话不好听，你甚至会为了一件小事和他们争吵。

在你小时候，是父母含辛茹苦将你养大。现在你大了，更应该好好照顾他们。让他们觉得有你真好，而不是觉得养你和不养你没有什么区别。

3. 学会站在父母的角度想问题。虽然父母的经历、生活、受教育程度等方面和我们有差距，交流起来会有代沟。

但他们始终是你的父母，不要为了房子、车子等现实问题发生争吵，想想他们现在需要的是什么。作为子女，你能做什么。

不要等到老了，才后悔自己没有照顾好他们。时光不等人，父母需要你的爱。

4. 学会和父母愉快相处。也许在你看来，只要给父母钱，你就履行了你照顾父母的责任了。

不，你还没有做到，比如，你还可以和父母愉快相处。你可以教父母学会使用微信这样的手机软件，在方便的时候和父母语音或视频通话，关心他们的动态，让父母觉得你一直在关心他们。

"子欲养而亲不待"，这是世间最大的遗憾。父母还在世的时候，你好好孝敬他们，和他们和睦相处，你才不会给自己留下遗憾。

三、合理消费，把理财放在第一位

花钱的时候，你觉得很轻松，挣钱的时候你觉得很难。既然知道挣钱很难，那你在平时生活中要养成合理消费的好习惯。不懂得合理消费，很容易陷入被动状态。

健康理财是一件很重要的事情，你必须把它放到第一位。

谁都希望自己能有足够的钱花，这样想买什么就能买什么，想去哪里旅游也能说走就走。但现实生活中，许多人并没有这样的实力。

他们挣钱的速度，比不上花钱的速度。表面上看起来他们是有钱的人，实际上却比谁都穷的人。

我的朋友小茹就是个例子。

双十一晚上，小茹打电话问我有没有在网上购物，网上在做活动，许多商品打折销售，错过了今晚，只能等到明年的今天。

我看了看手里的钱包，告诉她等发工资了再购买。小茹沾沾自喜地对我说："我都买了5000多元的礼物了，不是有信用卡吗？可以这个月买，下个月再还，你可以试试。"

我拒绝了她的好意，当晚没有购买任何商品。

过了几天，小茹给我打电话，向我借 1000 元钱，她说自己的钱在双十一那天买东西了，现在身无分文。

到了下个月，小茹省吃俭用，把 3000 元的工资拿来还上个月信用卡上面的欠款，发现自己的钱不够还，找我借了 2000 元才全部还完。

我劝过小茹几次，建议她不要这样超前消费。工资发了，要学会存钱，以备不时之需。小茹却爽朗地笑了："怕什么，今朝有酒今朝醉，以后的事情以后再说。"

有一次，小茹的父亲生病住院，需要一笔昂贵的医药费。

小茹向单位请假去看父亲，当她看到有病人因为不能及时交够医药费而被赶出医院的情况时，她知道，如果自己的父亲不能及时交清医药费，也会面临被赶出医院的结果。

小茹被这个结果吓哭了，她身上只有 1000 元现金，离父亲的医药费还差很大的距离。

最后，她只能向众好友借钱。在好友们合力帮助下，她的父亲才得以成功住院。经过这件事后，小茹才深深明白了钱的重要性。

超前消费虽说是一种潮流，那也要建立在你有足够的金钱基础之上的。当关键时刻需要钱用，你却拿不出，你只会后悔，自己没能及时存好钱。

人们常说："一分钱难倒英雄汉。"对于这句话，杨雄有着深刻的体验。

杨雄毕业后，在一家公司上班，每个月的工资只有 3000 元左右。在朋友的推荐下，他去银行办了信用卡。

没有信用卡的时候，他花钱还有一定的计划性。有了信用卡，他开始肆无忌惮地乱花起来。

出门打车，周末请朋友们去唱歌看电影。他觉得反正信用卡这个月提前刷，下个月工资发了再还上就好了。

事情却没有他想得这么简单，他有时候会直接从柜员机上面把信用卡的钱取出来，有时候他会忘记在信用卡的还款日及时还清账款，导致信用卡的利息越来越多，已经超出了他的还款能力了。

后来，他去其他家银行申请了信用卡。他的钱包里一共有了5张信用卡，他以为可以放心了。

这张信用卡刷了钱，把下张信用卡的钱取出来还上去。5张信用卡轮流还钱，就如同"拆东墙补西墙"，总能把所有的欠款还请。等自己发了工资，再把所有的欠款全部还清。

没想到他的如意算盘打错了，三个月后，他信用卡的利息越滚越多，最后他已经欠了银行5万多元钱了。

银行把催款电话打到了单位，甚至打到了他的家里。所有人都知道他欠了银行的钱。

银行工作人员表示，如果他不及时还款的话，将会把他起诉到法院。

杨雄没办法，每天愁眉苦脸。最后家里人实在看不下去，东拼西凑才把他所有的钱还清。还清了账款后，杨雄第一时间去银行注销了所有的信用卡。

经过这件事后，杨雄很后悔，他说以后再也不乱消费了，老实上班挣钱，花自己的钱才能心安。确实，在急需用钱的时候，信用卡能解我们的燃眉之急，帮我们度过危机。

但如果你不懂得控制自己，盲目消费，到最后你只会被自己的过度消费惹上大麻烦。

不要觉得理财不重要，生活处处需要钱，只要你在平时的消费过程中，养成合理消费的好习惯，在急需用钱的时候，才不至于出现手忙脚乱的尴尬处境。为了让自己能更好地生活，你必须要将健康理财放在第一位。

1. 根据自己的实际情况来消费。你当下最需要购买什么，你就买什么。不要想着有信用卡等这样的便捷方式来帮你购物。

你花钱的时候是很轻松，但你还款的时候却很难。不要超前消费，让你的生活能正常运转，是一个成熟人该有的生活能力。

2. 养成存款的习惯，以备不时之需。社会是现实的，在生活面前难免会需要用钱的时候。如果你在平时的生活中有一定的存款，当你需要用钱的时候也不会出现手忙脚乱的尴尬处境。

每个人挣钱都不容易，没有人有义务无条件借钱给你，帮助你度过经济危机。你自己才是自己的银行，只要你在平时养成存款的习惯，你需要用钱的时候才不会求助于人。

3. 做好自己的账单。许多人常常觉得自己没有花多少钱，可偏偏自己的钱就是在不知不觉中花掉了。

要想清楚自己的钱都花在哪些地方，你可以在平时做好账单，随时记录好你的消费情况，让你知道你的钱用在了哪些地方，以后在用钱的时候，你就知道了哪些地方开销比较大，哪些地方开销比较小。

根据你的账单，适当调整你的花钱区域，你的理财能力将会得到显著提高。

我们每个人都离不开消费，消费是我们每个人在实际生活中都要面对的事情。懂得合理消费，把理财放在第一位。

当你需要用钱的时候，才能够轻松地拿出来，不至于四处求人，面临尴尬的险境。

四、照顾病人，把理解放在第一位

当我们生病了，会希望得到他人的关心和照顾。但在照顾病人的时候，并不是你人到了就好，你还要关心病人的心理感受、照顾病人的情绪状态。

简单地说，在照顾病人的时候，应该把理解病人放在第一位。

曾琦的妈妈生病住院了，家里没有人照顾妈妈，曾琦只好请假去照顾她。在没有照顾妈妈以前，曾琦以为照顾病人是一件简单的事情。

直到照顾妈妈后，她才知道，原来照顾病人需要注意到很多细节的地方。

曾琦的妈妈得了脑出血，由于是左脑出血，所以曾琦的妈妈右边的手和右边的脚没有了知觉。

经过一段时间的治疗，医生说妈妈的病情有了好转，但还得在医院住几天的院，观察几天没有出现意外的情况后，才能办出院手续。

在这期间，曾琦的妈妈需要做一些康复训练，比如下床走走，锻炼右手和右脚的知觉。这个工作就落在了曾琦的身上。

每天到吃饭的时间，曾琦会去医院附近的餐馆给妈妈买好吃的食物。这时候，妈妈会在病床上，做一些伸展腿部的动作。

尽管她觉得很困难，但她也在努力地运动。吃过饭，曾琦会搀扶着妈妈去医院的走廊走走。

有好几次，妈妈没有跟上曾琦的步伐，摔倒在地了。妈妈强忍着痛，扶着墙壁坚强地站了起来，继续走。

曾琦开玩笑地跟妈妈说："你别担心，如果你以后不能走路了，我会挣钱给你买轮椅。"她这话一说完，妈妈转过脸去，悄悄地落下了眼泪。

有一天，亲戚来病房看妈妈，妈妈原本是坐在床上的，她突然觉得有些不舒服，就躺了下来。

没想到曾琦对妈妈说："怎么，知道亲戚要来看你，你就故意装病呀？"妈妈听曾琦这么一说，额头上的青筋突突直跳，很久也没有说一句话。

等亲戚走后，妈妈突然对曾琦说："孩子，妈妈现在是废人了，你也用不着我了，你回去工作吧。我过几天出院了，回去后请保姆照顾我就好了。"

曾琦一下子就怒了："你胡说些什么？我什么时候嫌弃你是废人了，我这不是在照顾你吗？"

病友见她们母女吵了起来，赶紧过来劝她们，让她们都少说几句话。后来，护士知道了这件事后，狠狠地批评了曾琦。经过护士的一番解释，曾琦才知道自己做错了。妈妈生病了，从一个四肢正常的人，变成了行动不便的人。他应该理解妈妈心里的苦，好好照顾她。

生病的人，心理会变得敏感。我们应该在他们身边陪伴他们，好好照顾他们，让他们早日恢复健康，而不是说话气他们，或是对他们不耐烦。

这样你才能让他们觉得温暖，才是真正地照顾他们。

舒雅生病了，办公室的同事们知道后，第一时间赶去看她。

同事肖芬，在看舒雅的过程中，因为说话不当，影响了舒雅的心情，最后她们的这场探望以遗憾的结局收场。

舒雅是不小心摔伤了腿，在医院打了石膏，修养一段时间就能正常出院了。肖芬一见到舒雅后，就对她说："每个人都会生病的，没事，你这是小伤，死不了。"

同事们被她这话吓了一跳，舒雅原本觉得很高兴，听了这话，她脸色变得一片惨白。有同事眼看情况不妙，向肖芬眨了眨眼睛，暗示她不要乱说话。

肖芬看到了同事的眨眼，但没当回事。她继续说道："真的没事，你别担心，不就是摔断了腿吗？你又不是大长腿，怕什么！休息一段时间就好了。"

舒雅这时瞪大眼睛看着肖芬，眼神里明显藏了怒火。有同事看不下去，直接对肖芬说："你不会说话就少说几句，我们是来看舒雅的。你说话伤人有意思吗？"

肖芬委屈地回道："我说得不对吗？本来摔断腿就是小事嘛，你看……"

听到这里，舒雅打断了肖芬："够了，谢谢你们能来看我，我累了要休息，你们早点走吧，我就不送了。"

说完后，舒雅盖上了被子，把脸扭到了一边。

同事们只好告辞离开，回去的路上，同事们给肖芬做起了思想工作。同事们说，舒雅生病了心情本来就很难受，作为看病的人就不应该拿她的病情开玩笑，胡乱说话。

生病了，作为病人来讲。你能去病房探望他们，他们内心会充满温暖，觉得你在关心他们。

但你去看他们的时候，要懂得照顾病人的心理，要理解他们敏感脆弱的心。不要哪壶不开提哪壶，想到什么就说什么。

你在他们伤口上撒盐，不更是让他们雪上加霜吗？

生活中的我们，谁都有生病的一天。你再健康，都不能保证你不会生病。生病的时候，你想别人怎么对你，你在看病人的时候，就应该用同样的心去对他们。

让他们感觉到温暖，感觉到你理解他们，尊重他们的内心感受是非常重要的一件事。

如何才叫理解病人呢？

1. 不要当着他们说死亡等敏感词语。生病的人是脆弱的，相比身体健康的时候，他们内心更加敏感。我们在照顾他们的时候，要懂得照顾他们的内心感受，不当着他们的面说死亡等敏感词语，能让他们保持积极的心情面对自己的病情。

有些脆弱的病人，原本病情很轻微，一旦你说话不当，在他们面前提到死亡这类敏感词语，会激起他们胡思乱想，不利于他们配合医生积极治疗。

2. 不要拿他们的病情开玩笑。开玩笑要分场合，在医院拿病人开玩笑，可能你觉得没什么，开玩笑能让病人忘记烦恼。

但你拿他们的病情开玩笑，是在他们伤口上撒盐。生病已经是件很难受的事情了，你不能感同身受，还火上浇油故意刺激他们。只会让他们对你无比厌烦，所以你千万不能拿他们的病情开玩笑。

3. 不要说一些冠冕堂皇的话。你想要安慰病人，病人其实也能理解，可这并不意味着你要说些冠冕堂皇的话。

比如，你对他们说："别胡思乱想，你这病没什么大不了的，过两天就好了。"虽然你的初衷是想安慰他们。但这些话并不是他们最想听的话，对于他们的病情医生才最清楚。

你只需要默默陪着他们，和他们聊天的时候，照顾到他们的心情，在他们需要帮助的时候帮忙照顾一下就好了。

每个人都会生病，你想要别人怎么照顾你，就用这种方式去照顾他。把理解放在心上，把认真照顾他们放在心上，他们才会更加喜欢你。

五、注重仪表，把形象放在第一位

良好的个人仪表，是一个人给别人的第一印象。不管你多么优秀，如果你不注重形象，给人邋遢糟糕的感觉，你只会在别人的内心深处留下不好的印象。

无论你多么忙，你都应该注重你的个人仪表，把你的个人形象放在第一位。

有人说，这是一个看脸的社会。如果你形象好看，别人会说你的颜值高。是的，一个人的形象很重要，它对我们找工作，生活还是交友都有着一定的积极作用。

事实证明，没有人愿意和形象邋遢的人相处。

杨飞对于自己的仪表，从来不在乎。他常常顶着一头几天没洗了的头发和穿了一周也不洗的脏衣服与朋友们出去游玩。

朋友们多次建议他，要注意自己的形象，形象好会给人良好的第一印象。他毫不客气地说："我是一个随意的人，如果别人以貌取人的话，那就随他好了。我才不在乎呢！"

有一次，杨飞听从父母的安排，去一家咖啡厅相亲。

对方是一个温婉有气质的女生，杨飞对她一见钟情。在咖啡厅，他们从诗词歌赋到上下古今，天南地北地聊了很久。

看到女生对自己堆满了笑脸，杨飞高兴坏了。他暗想，女生一定很喜欢自己，他从此就要光荣地告别单身了。

回家路上，他收到了女生的短信："很抱歉，你不是我最佳的恋爱人选。虽然你是个有才华的人，但我不喜欢不注意个人形象的人。祝你幸福，再见！"

杨飞看到短信后傻眼了，刚才不是聊得很开心吗？难道这一切都只是假象？杨飞打开手机的摄像机，自拍了一张照片。

照片上的他，胡子拉碴，头发油腻，衣服的扣子没有扣整齐。从照片上看，杨飞的形象确实不好。

杨飞这才意识到，原来个人形象真的很重要。如果他在相亲之前，能注意自己的形象，将胡子刮干净，衣服扣整齐，头发洗干净，也许这次相亲将会是不一样的结果。

只是杨飞后悔也迟了，对方已经把他拉入了黑名单。

你的个人内在再好，也需要你的外在形象来衬托。没有人愿意从你糟糕的个人形象中看出你是一个内在好的人。

相反，你的个人形象太糟糕，只会让人觉得你没有修养，不注意自己的形象。

注意外貌并不是要求你长相帅气或者要去整容变成像明星一样漂亮的人。你只需要注意个人卫生，穿着得体，外形干净，给人清爽的印象就好了。

现实生活中，有的人我行我素，总是懒于打理自己的个人形象，因此常常吃了亏，还不知道是怎么回事。

王莎从几百人中脱颖而出，成功参加了一家公司的面试。

在面试现场，王莎对经理们的提问，对答如流，毫无任何疏漏。

可最后，王莎还是被淘汰了。经理对她说："我们公司这次主要招聘市场调查员，对个人形象有一定要求，需要的是注重自己形象的职场精英，而不是一个邋遢不修边幅的人。"

王莎回到宿舍，委屈地和室友吐槽起来，说公司面试不公平，自己明明回答得很好，却还是被淘汰了。

室友听了事情的经过后，看了看王莎。对她说："你知道吗？经理说得没有错，你满脸痘痘，头发蓬松，给人萎靡不振的印象，相比其他面试的人，经理肯定会选形象更好的人。"

王莎有些郁闷了："可我平时在生活中就是这个样子的，有什么不对吗？"

室友耐心地解释道："既然是面试，肯定要展示出自己的良好形象。你完全可以洗洗头发，化个淡妆，用干练的形象出现在经理的面前！"

听室友这样回答，王莎才渐渐有些理解了形象的重要性。

个人形象好，能给人良好的印象。在生活和工作中，往往能给自己带来好运。况且，你注意外貌，照顾好了自己的形象，也是对生活的一种态度，让人感受到你的个人魅力。

形象这么重要，为什么你就不能把它放在第一位呢？

个人形象好的人，在人群中回头率会比较高，因为他们身上散发出一种活力，让人觉得是一种美好。

如果你形象不好，又想获得别人的喜欢，会是一件无比困难的事情。把个人形象放在第一位，你的生活会改变，周围人也会对你投来欣赏的眼光。

1.注重自己的个人形象。人靠衣装，佛靠金装。你的气质可以通过你的言行举止表现出来，同样你的良好形象可以通过你的外貌表现出来。

好的外貌，不一定要花钱来实现。你的穿着干净、大方整洁，你的外貌清爽不邋遢，这就是好的外貌。不用想要花钱来买贵重的衣服，你只要在自己的外貌上下功夫，注重形象就好。

2.不要当众做出不雅行为。公众场合，你的一言一行都是你形象的一部分，有了良好的外貌只是一部分，你还得注意自己的形象。

举例来说：在与人交流时，你不要随地吐痰、乱扔垃圾、摸头发等行为。这些行为会让你的好形象顷刻间，荡然无存。

3.懂得谦让，成全别人。斤斤计较，凡事都和人争辩的人通常不会得到人们的好评，而谦让有礼，有绅士风度的人却会得到人们的称赞。

在公众场合，你懂得谦让，做一个谦和有礼貌的人，比如排队上车的时候时让后面不方便的人先上车这样谦让的行为，会让你的个人形象瞬间加分。

4.学会使用文明用语。礼貌用语，能够体现一个人的文化修养。在生活中多使用文明礼貌用语，会打开他人的心扉，让对方对你产生良好印象。

礼貌用语有很多，比如"您好、谢谢您、对不起"这样的礼貌用语你用得越多，越会让人觉得你是个有修养的人。

个人仪表，是一个人精神面貌的外观体现。注重仪表，把你的形象放在第一位，经营好自己，让你的人生越过越好。

六、外出游玩，把素质放在第一位

一个人的素质，代表着一个人的修养。在重要的场合，我们会注意自己的素质。在一些非重要的场合，我们同样也要注意自己的素质。

比如外出游玩的时候，你的素质非常重要，你不能不引起重视。

每逢放五一劳动节、国庆黄金周这样的大型节假日。许多人会从平时的工作中抽出身来，去别的城市旅游。

随着旅游的人越来越多，旅游背后存在的素质问题也越来越严重。据新闻报道，有许多旅游景点，出现了排队插队，随地乱扔垃圾，随意在旅游景点的墙壁上写下"某某某到此一游"的现象。

这些并不是一件小事情，它反映了一个人的素质水平。千万别忽略了素质的重要性，在平时的生活中我们要养成有素质的人，尤其是要养成文明旅游、素质旅游的好习惯。

有一次，张俊和好友孙钰去北京八达岭长城旅游。

他们爬了很久，终于来到了毛主席题词的地方。想起毛主席曾经题词"不到长城非好汉"的著名诗句，张俊就兴奋得不得了，他掏出兜里的笔，在墙上写了"张俊到此一游"几个字。孙钰见了，劝他把字擦掉。

张俊不以为然地说道："怕什么，你看这上面不是写满了类似的字吗？"孙钰抬头一看，只见长城的墙壁上，确实有许多人写了"某某某到此一游"的字。

孙钰正要继续劝说张俊时，一名老人出现了。

老人对着张俊说："小伙子，你有没有想过，如果每个人都像你这样在墙上写字，那百年后我们的后代还能看到完整的长城墙壁吗？旅游景点可是我们的文化呀，我们怎么能不爱护？"

孙俊听了很惭愧，赶紧将刚写上的字给擦掉了。

在旅游景点随意涂画，你以为是一件行为艺术。但你这么做，却让完整的景点受到了破坏。

你乱写乱画的一瞬间，你的个人素质就荡然无存了，看到的人不会对你产生好的印象。你何必要做一件让人反感的事情呢？

周末，罗超带着 8 岁的妹妹去公园游玩。

在过马路的时候，明明是亮着红灯，交通灯显示还有 30 秒的时间才变绿灯。妹妹就率先跟着人流，冲到了马路上去。

罗超见状，立即将妹妹拉了回来。

妹妹一脸好奇地看着他："为什么把我拉回来，你没到看到所有人都在过马路吗？"罗超于是给妹妹说起了"红灯停、绿灯走、黄灯亮了等一等"的交通规则。

妹妹听了还是很不理解，她委屈地说："可其他人都在闯红灯，我们跟着闯也没什么的。"

"别人不遵守，不代表你可以不遵守。你要做一个文明人，知道吗？"妹妹听了罗超的话，似懂非懂地点了点头。

到了公园后，妹妹拿出买好的零食就开始狂吃起来。零食吃完后，她把塑料袋乱扔了一地。罗超生气了，让妹妹捡起来把它们丢到垃圾桶了。

妹妹将塑料袋捡起扔回垃圾桶后，委屈地哭了，"公园里不是有清洁工吗？我乱扔垃圾，他们也会捡起来扔到垃圾桶，这是他们的工作。"

罗超拉着妹妹的手，认真地告诉她："不乱扔垃圾，注重环境卫生，是我们个人应该养成的习惯，和有没有清洁工无关，如果人人都乱扔垃圾，我们的环境将会变得越来越不干净卫生。"

妹妹擦干了眼泪，说以后再也不乱扔垃圾了。

在外出游玩的时候，注重环境卫生、遵守交通规则，这些看起来是小事，但却是我们个人素质的体现。

你只有做好这些，才能说明你是个素质高的人。

好的习惯，好的素质，它会让你充满光芒，让人觉得你是一个可爱的人。而不注重修养，乱扔垃圾，不遵守交通规则这些事，会让你的素质一下子荡然无存。

生活中的我们，谁都希望和有素质、有修养的人交往。在外出游玩的时候，也是你个人素质体现的时候，不要觉得素质无关紧要，丢掉了素质，你的个人形象也就没有了。

在外出游玩的时候，我们应该这样注意自己的素质。

1. 不要在公众场所乱扔垃圾。乱扔垃圾是一种不文明的行为，也会影响你的个人素质。不要想着其他人在乱扔垃圾，你就跟着乱扔。甚至觉得有清洁工人会打扫，乱扔垃圾和你无关，那是清洁工人的事情。

首先，你要明白你的素质代表着你的个人修养，你要照顾好自己的素质。其次，你要知道清洁工人不容易，你不乱扔垃圾就是在减少他们的工作量。如果你是一名清洁工人，你也不希望看到别人乱扔垃圾。

2. 不要在公共场所大声喧哗。在餐厅吃饭、在排队上车等公众场所，你要注意自己的素质，不要大声喧哗影响别人。

安静的氛围是需要大家来共同营造的，你不大声喧哗，能给人有礼貌、有素质的良好形象。不要觉得这是一件小事，就忘记了去遵守。

3. 不要在旅游景点乱写乱画。在旅游景点写"到此一游"的行为非常不文明，你这么做，只会让完整的景点受到破坏。

你乱写乱画的一瞬间，你的个人素质就消失在了你的行为中。你不仅不该乱写乱画，当看到有人在景点乱写乱画的时候，你应该出面制止。旅游景点是我们的财富，我们应该一起来保护它而不是破坏它。

4. 多读书，加强个人的修养。多读各类书籍，可以增加你的内涵，掌握各类文化知识。让你的形体美、气质美得到提升，让你知道在什么场合应该做什么事，说什么话。

修养好的人，无论走到哪里都会受到人们的尊敬。千万不要因为你的修养不好，让别人小看了你。

从小事做起，严格要求自己，做一个有修养、有素质的人。无论是你旅游还是在平时的生活和工作中，做一个有素质的人，优秀的人会向你靠拢，你自己也才能变得更加优秀。

七、生命珍贵，把健康放在第一位

生命对于我们每个人来说都只有一次，如果你的生命没有了，即使你再富有，你也不能享受到生命的美好。

在日常生活中，你必须把自己的健康放在第一位。千万不要等到失去了健康，才去后悔。

生命是很脆弱的，不要觉得自己身体很健康，不会生病，等你真的生病了，你才会知道健康是多么的重要。

与其生病了，才后悔自己没有好好注意身体的健康，不如在平时就养成锻炼身体、健康生活的好习惯。

小莉是一个活泼可爱的女孩，现在却在医院躺着，经过诊断她得的是胃病，医生说这和她长期不注意饮食，经常熬夜有关。

和其他女孩子一样，小莉对自己的身材很注重。她常说："如果一个女生连饮食都控制不好，那还能控制人生吗？"

每天，当别的同事都去吃饭的时候，她一个人躲在办公室里，说自己不饿，不去吃饭。

她身高 170 厘米，体重只有 40 公斤。朋友们都说她身材好，穿衣服好看。只有她自己知道，她是靠每天少吃饭，饿出来的。

有几次，她因为一天没有吃饭，只是吃了几个水果。回家的路上，她血糖偏低，险些晕倒在路上。

之前，医生也提醒过她，要注意定时吃饭，不要为了保持身材，故意让自己的饮食不规律，这样只会害了自己。

小莉嘴上答应了医生，但生活中她却没有将医生的话听进去。常常一天只吃一碗饭，加上她每晚要熬夜工作到很晚，周末更是通宵工作。

工作太忙，忘了吃东西。所以这一次，医生告诉小莉，她的病很严重，需要住院治疗并观察一段时间。

胃痛的折磨，让小莉感到生不如死。这时才感到后悔，要是当初健康饮食，也就不会住院了。

可惜世上没有后悔药，我们不注意健康，迟早有一天会被健康所影响。

身体健康的陈颖，最近常常感到很饿，即使吃了许多食物，她还是要拼命吃东西。吃完东西，她又不停地要去上厕所。

朋友们觉得陈颖很反常，建议她去医院检查。不检查还好，一检查吓了她一跳。医生说陈颖得了糖尿病，现在已经很严重了，必须要在肚子上安装一个仪器，每天打胰岛素。

陈颖感到很吃惊，自己身体一向很好，怎么会突然间得糖尿病了，会不会是医生检查出错了。

医生问她："你是不是在饮食方面不注意，常常看到什么就吃，还觉得口干，想上厕所，你长期感觉压力很大，心里莫名觉得恐慌？"

陈颖想了想，回答说是。很长时间以来，陈颖觉得自己压力很大，她想自己已经30岁了，还没有结婚，手里也没有存款。

每次看到周围同龄的女生都已经结婚了，她就觉得压力很大。她想要努力工作，等自己变得出色了，一定会有人追求自己，摆脱单身。

然而身高只有150厘米，体重却160斤的陈颖一直没有男生喜欢，再加上她平时就爱吃高脂肪、高蛋白质的东西。

患有糖尿病的妈妈曾经告诉她，一定要保重身体，多运动、少吃高脂肪、高蛋白质的食物。可是妈妈的话她一句也没有听进去，她觉得无论如何自己也不可能会患上糖尿病。

如今，事实摆在眼前，医生的诊断没有错，陈颖得了糖尿病，以后的每一天她都会带着仪器，过着靠打胰岛素为生的生活。

想到这里，陈颖坐在医院的病床上，伤心地哭了起来。

我们都想有一个好身体，在没有生病以前，都觉得自己不可能会生病。所以每天不注意养成健康生活的习惯，到最后生了病，才开始后悔自己要是早一点注重健康，把它当成一件重要的事情，该有多好。

不要在事情发生了才开始意识到它的重要性。健康的身体，是我们奋斗的本钱，没有了健康，你拥有再多财富、地位、名誉，都无法享受。

有人说："前三十年我们用生命挣钱，后三十年我们用钱来养命。"你如果在追求好生活的同时，注意了健康，把它放在第一位，那么在后三十年，你就不会出现要用钱来养命的情况。

生命是自己的，健康这件事，你得对自己负责。

1.不要只顾挣钱，忽略了健康。虽然挣钱对我们来说很重要，但你不能因此而忽略了健康。失去了健康，你花再多的钱都买不回来。

在平时的工作和生活中，你需要养成健康生活的好习惯。比如不要熬夜，不要抽烟喝酒等。每周给自己制订计划，加强运动和锻炼让自己拥有健康的身体。

2.定期去医院做体检。许多人平时看起来很健康，去医院检查才发现自己患了重病。你的身体是否健康，除了你自己感知到的以外，你还需要定期去医院做体检。

许多大病往往是从小病开始的，身体不舒服了一定记得去大型的正规医院做全面专业的检查，不要想着自己身体很好，拖一下没关系。抱着这样的心理，是讳疾忌医的表现，只会让你的病越发严重而已。

3.不要乱吃不知名的保健品。市面上流行着各类保健品，它们打着好听的标语，诱惑着你去购买。

大多数的保健品并没有它上面的功效，它只是在虚张声势，虚假宣传。如果你的身体不好，需要买营养品补充营养，你应该咨询权威医师的建议后，再最终决定是否要购买。

4.养成有规律的运动。生命在于运动，要想拥有好的身体，你就要养成运动的好习惯，但运动不是你心血来潮，突然想运动了就能立即有效果的。

运动需要长期，有规律。比如每天坚持跑步，时间久了你才能看到效果。不要操之过急，三天打鱼，两天晒网，将一项运动坚持下去，你的身体才会跟着变好。

身体是你自己的，不要等到身体出了问题才开始感到后悔。从现在起，把健康放在第一位。珍惜你的健康，就是珍惜你的生命。

第 六 章

认真严谨，做好工作中的重要事情

一、踏实工作，把态度放在第一位

现实生活中，有的人上班态度不端正，觉得是在为老板打工。在工作中，他们不把工作当一回事，抱着敷衍的态度，能偷懒就偷懒，能不出力就不出力。

不求有功，但求无过。然而，工作是我们自身价值的体现。你的工作能力强，你才会得到更多的回报。

踏实工作，把态度放在第一位，是一件很重要的事。

如果能不去上班工作，在家吃喝玩乐，过潇洒自由的生活，这是很多人的梦想。可社会是现实的，你是一个成年人，你就必须要工作。

你不仅要去工作，还要好好地工作。不光是为了你身后爱你的家人朋友，也更是为了你自己。

王恩是我认识的人里面最潇洒任性的一个人，他毕业后换了无数次工作，还是觉得没有一个工作适合他。

其实，也不是没有工作适合他，只是他这个人喜欢自由，不爱上班而已。现在的他每天在家看书，偶尔出去旅游。

他没有经济来源，一直是父母亲在供养着他。26 岁的人了，父母每个月还给他 2000 元，供他吃住。他说父母会养他，所以他也就不想去上班了。

之前上班时，没上几天，王恩不是和同事闹矛盾，就是和领导吵架。父母被逼无奈，只好暂时同意他不出去上班，在家看书。

记得有一次，王恩应聘到一家互联网公司上班，负责电脑软件开发方面的工作。他才上了一个月的班，就和主任吵架了。

王恩每天上班总是迟到早退，工作的时候玩手机。主任看到他这个工作状态后，对他说："以后好好工作，我们请你来上班，不是叫你来享受。"

没想到王恩听到这话就来气了，他用手狠狠地砸了一下键盘，恶狠狠地看着主任，说道："我不干了，这工作谁爱干谁来好了。"

说完后，他扬长而去。主任愣在原地，很久没有反应过来发生了什么。

类似这样的事情还有很多，父母给他说了很多遍，让他改掉坏脾气，好好工作。

他一句也没有听进去，说什么工作太辛苦了，他打算考研究生，以后找一个轻松的工作。

工作有很多，每个工作有它自己的特点。但无论什么样的工作，作为一名员工，你都应该端正态度，认真工作。

如果你老是换工作，不一定是工作的问题，而是你自己出现了问题。

谢云是个很有主见的人，他觉得在工作中有想法就要提出来。可他往往没有把握好态度，常常在工作中和领导因为意见不合，而当众顶嘴。

刚开始，主任还觉得他这个人有自己的主见，是好事。但后来主任发现谢云在工作中常常自以为是，不听从领导的安排。

有一次，主任让谢云修改一篇文字资料。主任等了他半天，他也没有一点儿动静。主任走过去一看，发现谢云在改一张图片。

主任笑着对他说："这图片没有问题的，可以不改图片。重点是要看看文字方面有没有错别字，或者内容是否有错误。"

谢云摸了摸自己的头，"可是这个图片放在文档里应该就有它的作用，我用 PS 好好把它修一下吧！"

一个多小时后，主任问他资料处理好了没有。谢云说还在修图，主任叹了口气，对他说："这篇资料很重要，需要马上发，你别修了，直接发给我吧。我来处理！"

谢云直接走到主任面前，说："我觉得还是修一下图片吧，毕竟……"

见他还执意要修图，主任朝他大吼起来："跟你说了不用修图，你怎么老是不听呢？现在我是办公室主任，等你哪天成了主任，你再来决定要不要修图，好吗？"

被主任这么一说，谢云扭头走人。第二天，他便将辞职报告交到了人事部经理手里，说自己有新的工作了，要辞职离开。

同事们知道后，劝了他很久，他也没有改变主意，最后还是选择了离开公司。

职场中，员工做好自己的本职工作就好了。有意见可以提，但也要用合适的方法。像谢云这样多次挑战领导的权威，没有端正态度，做好自己的工作，他不仅惹怒了领导，也给自己惹来一肚子气。

我们每天认真工作，不仅可以得到一份薪水。还能在工作中学到一些经验，感受到自己的个人价值。

老板给你钱，你自然要认真工作。职场是一个有规则的场所，要想在职场过得好，你首先要做好一名员工的工作。

1. 踏实上班是你的责任。俗话说"不在其位，不谋其政"。既然你选择了一份工作，那就要踏实上班，做好你员工的本分。

老板给你工资，是希望你能对得起这份工资。如果你态度不端正，不做好自己的工作，你最终只会被老板炒鱿鱼。

2. 你的能力和你的工作挂钩。不要想着你拿的钱少，却干着最辛苦的工作。如果你的能力确实出众，优秀到老板已经注意到你了，老板自然会给你加工资或者升职。

许多人往往会犯这样一个毛病，在职场上只知道抱怨，却从不去自我反省。老板想要看到的是结果，而不是你整天的抱怨。你有多大能力就做多大的事情，用实力说话才是给别人最好的证明。

3. 不要总是想跳槽。现实生活中，有许多年轻人只要工作不顺心，就想着要跳槽，换一份新的工作。等换了新工作，发现自己并不满意，于是选择反复跳槽。

社会是现实的，每份工作都有它的复杂性，正如每个行业都有它独特的规律。遇到问题了，不要想着去躲避。相反，你要通过自己的努力，去克服所有的困难。

在一个岗位上踏实上班，学会相关的能力，你才能做好自己的本职工作，在职场上游刃有余。

工作和我们每个人息息相关，做好每份工作并不简单，但端正你的态度，踏实上班是你最起码的素质。

努力工作，让你从工作得到回报，你的个人价值才能得到体现，你的生活也才有可能变得更好。

二、管理员工，把呵护放在第一位

一个会管理员工的领导，懂得呵护员工，把员工的利益放在重要的位置。但不懂得管理员工的领导，却总是会忽略员工的利益。

他们眼里只有钱，对于员工，他们会采取粗暴的方式管理。殊不知，这样的领导注定是失败的领导。

王坤在一家奶茶店上班，他上了一年多，最后还是决定要辞职离开，原因是他有一个奇葩的经理。

说到他的经理，王坤有一肚子的话想要说。平时有员工迟到了，经理会罚款 100 元，不管谁有特殊情况，都必须要接受罚款。

就连员工们有时候有急事处理，找经理请假。经理都会一口拒绝，说要请假可以，就当矿工处理，罚款 600 元。

同事们都说经理是个不近人情的人，大家对他的印象都不好。有好几个同事因为忍受不了经理的管理，才上几个月的班就辞职了。

王坤说："一个人上班，辞职的理由很简单，要么是嫌弃工资少，要么是觉得工作起来不开心。"

王坤决定辞职，和他的一次工作经历有关。那件事让他觉得经理很过分，是一个不称职的领导。

那件事是这样的。

有一天，一个顾客到店里点奶茶，顾客说他的奶茶里不要加糖。王坤将奶茶做好送到顾客的手里后，顾客一脸生气地问："不是说我奶茶要加糖的吗？你怎么没有加糖？"

王坤回答说："我记得你刚才说不加糖，所以就没有加。"

顾客听了王坤的回答，立马就生气了："我什么时候说不加糖的，你这个服务员怎么回事？"

顾客的声音太大，周围的顾客瞬间将目光朝他们看过来。王坤正要说话，经理走了过来，经理以为他们在吵架，对王坤说："你们有什么话，出去解决，别影响顾客喝奶茶。"

王坤顿时愣住了，自己是店里的员工。经理不仅不维护自己，竟然还让自己和顾客出去说话。

顾客的奶茶没有加糖，王坤只要去加上糖，事情就能轻易得到解决。经理不分青红皂白，不愿停下来了解事情的真相，只让自己来面对顾客的刁难。

王坤越想越生气，给顾客的奶茶加上糖后，当天他就离开了奶茶店，直到现在说起这件事，王坤都觉得很难过。

作为一名领导，当员工遇到事情的时候，应该主动站出来帮助解决问题，而不是直接将问题推给员工，让他们面对难题。

在职场中，每一个员工都希望遇到善良、有人情味的领导，能被温和地对待，而不是被无情的领导冷漠地对待。

蒋瑶是一家超市的销售员，她每个月的工资不高，工作也不轻松还常常加班。即使有其他更好的工作，她也没有想过要离开超市，重新换一个工作。

因为她觉得自己主管是一个通情达理，懂得呵护员工的人，在超市上班能遇到这样的主管是一件很幸福的事情。

刚到超市的时候，蒋瑶上了三天的班，一件商品也没有卖出去。销售厂家的老板决定开除她，另外聘请销售能力强的人进来。

主管知道后，竭力劝说，销售厂家的老板终于放弃了开除蒋瑶的决定。蒋瑶从没有做过销售的工作，她想压力太大了，自己可能不能胜任这份工作。

于是主管每天带着她，手把手教她如何销售商品。渐渐地，蒋瑶也开始掌握了销售商品的技巧，开始卖出了商品。

同事们都说主管这人心好，不管谁有什么事情了，主管都会站出来给予帮助。有时候，同事们谁的家里有急事不能来上班了，只要跟她请假，她都会通融。

要是谁生病住院了，主管会第一时间赶到医院去关心慰问。在工作的时候，主管是领导，但在私底下，主管和同事们是好朋友。

蒋瑶说在这样的氛围下工作，她觉得很开心。她们家的销售业绩在整个超市常年都是排在第一名。

后来，主管因为表现出色，被厂家调到公司总部。离开的那天，所有员工都不舍地哭了。

其实，心里装着员工的领导，员工们也会在心里记着领导。呵护好了员工，员工们才会觉得工作起来充满了动力，将工作更加出色地完成。

不要觉得员工只是打工的命，不值得你去呵护。如果你这样想，说明你没有将员工看成是和你平等的关系。

领导和员工是一个集体，大家相处愉快，彼此关心呵护，团结友爱，集体的力量才会更加壮大。

要想当一名优秀的领导，你就必须要把呵护员工放在第一位。

1.懂得关爱员工。每个人上班都希望能得到领导的关心和呵护，如果你是一名领导，要想得到员工的尊敬，首先你要懂得关爱员工。

在职场中，很多员工比较关心福利待遇，福利待遇让员工满意，员工才能更积极地为工作努力奋斗。

所以，员工该有的福利不能少，有条件的话你甚至应该主动为员工们谋取福利。

2.懂得体恤员工的不易。在工作中，遇到加班等特殊情况，可以给加班的员工送工作餐、送水果点心，让员工知道领导在关心着他们，他们并不孤单。

当然，过重大节日的时候，也可以送小礼品表示慰问。让员工感受到单位的温暖。

3.懂得关心员工的身体健康。在员工生病的时候，及时去医院探望，表示慰问。当员工遇到需要救助的时候，可以积极想办法，提供帮助。

每年组织员工去医院体检，不定时地开展运动会或者健康宣传活动。鼓励员工积极锻炼身体，拥有好的身体素质。

4.多组织集体活动。在集体活动中，员工的凝聚力能迅速加强。单位领导也能和员工近距离接触，增加了解员工的心声。

可以通过开展春游、秋游这样的集体活动，让大家在活动中增进了解，加强彼此间的沟通联系。

企业是树，员工是树叶。树和树叶是彼此相连，不可分割的关系。懂得呵护员工，让员工健康成长，企业也才能跟着成长。

三、同事相处，把友爱放在第一位

　　良好的同事关系，能够让我们在工作中保持美好的心情。即使再累，我们也不觉得辛苦。如果你和同事间的关系不好，随时处在紧张的关系中，不管你的工作环境有多好，薪资有多高，你都会觉得自己工作缺了一种色彩，甚至会让你觉得是一种煎熬。

　　在职场中，有许多人表示，宁愿自己的工资不高，也希望上班的工作氛围好，同事之间相处愉快。同事之间，除了节假日外，每天都要朝夕相处。

　　友好的同事关系，能够让我们工作起来充满了动力，这是大多数职场人的共识。

　　杨清听朋友说，市里有一家公司最近在招聘，不仅工资高，而且工作氛围也很好。在朋友的推荐下，杨清顺利应聘到了公司上班。

　　公司在市中心，交通方便。提供早餐、交通补贴、电话费等福利，杨清刚到公司的时候就被这些福利吸引，发誓要努力工作。

　　可工作了几个月后，杨清渐渐发现公司有一个奇怪的现象，同事之间几乎很少说话，大家都是在忙自己的事情。

最让杨清觉得不可思议的是，同事之间表面上笑呵呵地打招呼，背地里却在说着彼此的坏话。

有几次，还有同事在背后添油加醋说她的坏话。杨清上班以来，认真工作，没有出现任何工作失误的问题。

杨清就当没有听到，没有去找同事们的麻烦。但紧接着，杨清发现同事之间彼此都在相互利用，悄悄在领导面前打着彼此的小报告。

杨清觉得在这家公司上班，有种很压抑的感觉。经过认真思考，杨清最后还是辞了职，重新找了一份新的工作。

在一个地方上班，如果同事间氛围好，彼此尊重团结，工作起来才会觉得轻松愉悦。但如果彼此都绷着一张脸，时间久了只会让人觉得乏味，工作也没了激情。

说到自己的工作，陈璐就一脸的高兴。

陈璐介绍说，她在一家小型的文化公司上班，公司成立不久，所以工作人员少，只有 7 个人，虽然人少，但彼此间相处却很融洽。

陈璐在公司主要负责宣传的工作，每大上午 10 点上班下午 6 点下班，每月工资 3000 元。她工作的任务少，很少出现加班的情况。

有时候，陈璐忘了买早餐。她刚打开电脑准备工作，同事就用公司的饭卡给她打好了早餐。

在工作中遇到不懂的问题，同事们会友好地帮助她。遇到她很忙的时候，同事们还会主动留下来帮助她完成工作，这让陈璐觉得很温暖。

陈璐在公司上了一年的班，她发现同事之间从来没有出现过争吵，与同事们相处起来，让陈璐觉得就像和家人一样亲切。

每逢有同事生日，大家会聚在一起度过。平时过节，同事们会在微信群里发红包庆祝。谁要是生病请假没有来上班了，一定会有人在第一时间组织好同事们去医院探望。

虽然陈璐的工资不高，但陈璐却觉得工作起来很幸福。

第二年，有更好的工作在等着陈璐，对方提出的待遇是这家公司的几倍，但了解到对方的公司人际关系复杂，陈璐毫不犹豫拒绝了这份工作邀请。相比工资待遇，她更希望选择在压力小，同事之间愉快相处的氛围里上班。

能够在愉快的工作氛围里上班，是每个人的梦想，既能有一笔收入，又能感到同事们的温暖。

现实生活中，同事之间很少有和睦友好相处的情况。大部分同事相处时，因为彼此的工作不同，以及职场的特殊要求，同事之间，常常更多的是竞争的关系。因此，有许多人说："同事之间不可能存在友谊。"

其实，人和人的相处是相互的，你对人友善别人自然也会对你友善。只要你抱着一颗友好的心与同事相处，谁说你们就不能做朋友呢？

1.学会与人为善。善良是一种美好的品质。善良的人，无论走到哪里都会受人欢迎。在职场中，更应该把与人为善谨记于心。

不要想着玩小手段，耍小聪明。没有人是傻瓜，他可以被你欺骗一两次，不代表他会一直被你欺骗下去。相反，如果你友善地对别人，你换来的将是别人对你的友善。

2.学会与同事分享信息。许多人觉得在职场上大家是竞争关系，有什么信息和资源要藏着掖着，害怕同事知道后会影响到自己的工作业绩。

就像你在工作中遇见了一件难题，找同事请教的时候，他会说不知道。但实际上他只是害怕告诉你后，你学会了这项技能，会影响到他在领导眼中的工作能力。其实，懂得资源利用的人，工作才会高效。

你会的技能，你掌握的信息，只有懂得和同事分享，同事也才会分享他的心得和技能，彼此取长补短，工作能力和个人能力才有可能得到提升。

3.学会与同事公平竞争。同事间低头不见抬头见，大家朝夕相处，如果能愉快相处为什么不好好地相处呢？

在面对竞争的时候，不要怀着你们是敌人的心态。把同事当朋友，公平竞争就好。你缺少哪方面的能力，可以私底下向同事请教，或者自己努力专研。

不要斤斤计较，觉得和谁都是敌人，这样敏感脆弱的你在职场中只会处处碰壁，不受人喜欢。

4.养成主动关心问候同事的习惯。同事其实就像你的家人一样，如果你能主动关心他们，问候他们，让他们感受到你的温暖，你们之间的关系将会变得愉快许多。

平时见面打声招呼，同事身体不舒服的时候问候一下，同事发朋友圈了在下方点个赞，这些小事情都是和同事愉快相处的表现，不需要花多少精力，你就可以做到。

与同事愉快相处，工作中互相帮助，互相关心。你们之间的关系会在这些细节中得到加强，你也能享受职场的美好，将工作顺利完成。

四、销售商品，把为顾客服务放在第一位

作为消费者，在购买商品的时候，会关心物美价廉，想要买到实惠的商品。销售员在卖商品的时候，理应将顾客的需要放在第一位。

销售员忽略了顾客的感受，商品即使卖出去了，也很难会有回头客。

我们去商店的时候，喜欢货比三家，希望能买到自己满意的商品。然而在实际购物中，常常会遇到一些销售员，他们眼里只看重你是否会购买商品。

对你的挑选和咨询，他们爱理不理。生气的你宁愿换一家店购买，也不愿买他们家的商品。

都说"顾客是上帝"，但实际销售中还是存在着与之不符的现象。

黄萱下班后，和同事约好一起去购买冬天的衣服。黄萱买东西有选择困难症，经常会拿着商品犹豫半天，不知道如何选择。

这不，今天又发生了这样的事情。

黄萱试穿了三件衣服，这三件衣服她都喜欢，但她只想从中

挑选一件。只见她对着镜子左挑右选，依然拿不定主意。

同事给了她建议，她还是很纠结。这时，一名导购走了过来："你赶快买吧，不买的话，其他顾客要买。"

黄萱听了导购的话，有些不高兴地说："我这不是在挑选吗？你再等我一下。"没想到导购和她吵了起来："问题是你都挑了一个多小时了，店又不是为你开的。"

"挑选衣服是我的权利，难道你还强迫我买吗？"

"不买，就不要浪费别人选衣服的时间！"

"你会不会说人话，你……"

同事眼看场面有些乱了，赶紧制止住了黄萱，拉着她的手和她一起往外走，说去隔壁家买好了。

店里的老板刚好也看到了这一幕，她走过来道歉："不好意思，你们消消气，我们导购不会说话，请原谅。你们喜欢慢慢挑衣服，没关系的。你们挑好后，给你们打九折！"

说完，老板还给她们端上了两杯热水。黄萱看着老板亲自来道歉了，气也消了不少。她和老板抱怨了几句，最后随意挑了一件衣服。

后来，黄萱很少再去这家店买衣服了。

销售员只想着成单量，希望顾客能尽快下决心购买衣服。但作为顾客，想要选好后再买，这是每一个消费者的权利。

作为销售员，应该要耐心等待，给顾客们选择的时间和自由。只有这样，才是真的把顾客当成了上帝，商品也才能卖得出去。

冯玲说，她买东西喜欢遇到态度友好的老板。有时候，她原本不想买东西，但只要遇到那些会说话，懂得服务好顾客的老板，她会立即改变主意，临时决定购买一两件商品。但碰到态度不好的老板，宁愿换一家去买。

有一次，冯玲和她朋友在马路边等公交车，等了半个多小时，公交车还没有来。公交站旁边，有一个大叔在卖樱桃。

冯玲拉着朋友的手，走过去问："老板，樱桃多少钱一斤呢？"

老板瞪着眼睛，看了看她俩，不耐烦地说："那要看你买多少斤了，买得多的话，价格会给你算优惠点儿。"

于是冯玲和朋友挑选起了樱桃，她的手才刚放到樱桃上面。老板就拍了一下装樱桃的篮子，"不准选，要买就直接买。"

听老板这样讲，冯玲觉得很奇怪，"不挑选的话，我怎么知道樱桃好不好吃呢？"老板没好气地回答："你要买就买，不买就算了。"

冯玲和朋友被老板说的话激怒了，开始和老板理论起来。还没说几句，老板就直接怼了她们一句："看你们穿得一般，应该也是不会买的，你们要做什么就去做什么，别耽误我做生意。"

"你什么意思？狗眼看人低是吧！"冯玲气得就要和老板打起来，刚好这时有巡视的警察经过。警察了解了事情的经过后，批评了卖樱桃的老板。

告诉他卖东西就应该让顾客自由挑选，而不是态度不好还说话伤人。这件事虽然过去了很久，但冯玲却说给她留下了深刻的印象。

遇到好的销售员，你会发现他们说话亲切，态度友好，对你提出的任何问题他们都会耐心回答。

你会被他们热情的服务打动，满意地买走商品。

商品只有顾客买，商品才能够在市场上得以流通。要想做好生意，作为销售者就要明白顾客才是购买的决定者。

你耐心地服务好了顾客，让顾客被你的服务感动，你的商品才会卖出去，你的生意也才会越做越好。

不要因为你不正确的服务，错失了你原本应该有的好生意。

1. 尊重顾客自由挑选。每个顾客购买商品的时候，都希望能挑选到物美价廉的商品。这是一个顾客的基本感受，也是顾客购买商品时的自由，作为商家理应尊重。

如果顾客挑选商品的时候，你在旁边催促或者是阻挠，只会让顾客觉得你不耐烦，放弃想要购买的打算。

2. 耐心做好服务。要想成功卖出自己的产品，你就要耐心做好你的服务工作。在顾客不了解产品的时候，你耐心地服务会有助于顾客下决心购买。

如果你态度不友好，对顾客的提问爱搭不理，希望顾客能直接选中购买，只会让顾客觉得你服务态度不好，宁愿换另一家购买，也不愿在你的店里多留片刻。

3. 不要催促顾客下单购买。许多销售员之所以在销售中失败，往往是犯了催促顾客下单的毛病。

顾客在决定购买商品的时候，会对商品的性能、价格等方面有犹豫的时候，你应该给他们时间考虑，而不是走过去对他们说："你要购买吗？买的话过来结账吧。"

生硬的催促态度，只会让原本想要购买的顾客直接扭头离开。

4.与顾客做朋友。俗话说："买卖不成，仁义在。"生意讲究和气生财，顾客这次不买，不代表下次他不会来。

把顾客当朋友，与他们像朋友一样相处，关心他们购买商品的感受，给他们充分的时间考虑和选择的自由，顾客反而会感受到你的友好，最终购买你的产品。

做生意是一门学问，它需要和顾客打交道。把顾客当朋友，服务好顾客，你的生意不想变好都很难。

五、尊重消费者，把消费者利益放在第一位

消费者购买了商品，就享有消费者的基本权益。商家只有维护好了消费者的相关利益，生意才会越做越好。

不要让消费者交了钱，购买了商品，却没有得到自己的利益，这只会让消费者感到失望，对你的商品不再信任。

上周末，康鸿在一家店买了一件衣服。没承想才穿几天，康鸿发现自己的衣服出现了扭曲变形，甚至还出现了起毛球的质量问题。

康鸿跑去店里找服务员换衣服，服务员不客气地回答她："衣服你都已经买了，不能退换。"

听服务员这么讲，康鸿立刻生气了。她稳定好情绪，对服务员说道："根据《消费者权益法》规定，有质量问题的商品，可以七天内要求退货。

我现在只是想换一件衣服，当时买衣服的时候，你们说好 7天可以退换的，为什么现在不能换呢？"

服务员没有回她的话，康鸿拿出手机，准备打 12315 全国消

费者热线电话。这时经理走了过来，对康鸿说了这样的话。

"实在抱歉，你购买的那件衣服没有货了，我给你换同等价位的其他款衣服可以吗？"康鸿想了想，自己购买的这件衣服既然有质量问题，那就重新选一件同等价位的衣服好了。

衣服选好后，经理赠送了一张会员卡给康鸿，希望她以后能常来店里买衣服。康鸿接过会员卡，却再也没有到这家店买衣服。

现实生活中，许多商家承诺消费者在购买商品的时候，有任何质量问题可以到店里免费退换。等你真的去店里退换的时候，他们会想尽办法推托。

这样不把消费者的利益放在重要位置的商家，会很难获得顾客的喜欢。消费者购买商品，是希望能在购买商品前、购买商品后都能得到服务。

而不是钱给你了，你却没有做好售后服务，不注意维护消费者的切身利益。

在移动公司网络部上班的罗峰被客户投诉了，经理问他事情的经过，他支支吾吾地说了半天也没有解释清楚。

经理只好亲自打电话给客户，交流了很久，经理才明白是怎么一回事。

原来，客户家的宽带有问题，电脑和手机连接不上网，公司安排了工作人员罗峰去上门处理。

罗峰上门服务的时候，将客户家的网络问题给处理好了，但他在工作过程中，不小心把客户家路由器上的网线给拔掉了。

网络电视的网线拔掉后，客户家的电视一直无法正常使用。罗峰走后，客户才发现这个问题。客户立即打电话向罗峰咨询，罗峰不耐烦地说这不关他的事情，让他找其他部门。

客户一气之下，便打了投诉电话，投诉罗峰的工作态度不好，希望公司严肃处理。知道事情的经过后，经理严肃批评了罗峰。

经理对罗峰说："客户花钱购买了我们的宽带，在客户的后续使用中出现任何问题，我们都要将客户的问题处理好，这样客户才会继续使用我们公司的网络。"

经理最后安排了另外一名员工上门服务，将客户家的网络顺利修好，电视也能正常使用了。客户这才表示了感谢，撤销了之前的投诉。

售后服务对商家有着重要的作用，它关系到一个商家的信誉和口碑。在现实生活中，许多大型公司会格外重视售后服务这一项工作。

他们明白，产品销售出去了还没有结束。只有当客户在使用产品的过程中，用得开心和放心，自己的产品才能受到客户们的喜欢。

消费者的利益是消费者最关心的事情，把消费者的利益放在第一位，是商家的责任，也是商家的义务。

如果消费者购买了商品，却不能维护自己的利益。那消费者为什么要来购买商品呢？商家只有把消费者的利益放在第一位，重视消费者的感受，商家的生意才会越做越好，赢得好的口碑。

1.加强销售员的培训。与顾客直接打交道的是许多基层的服务人员，这些服务人员的个人素质良莠不齐。

在为顾客服务的时候，他们往往会因为个人知识水平的限制而不能正确地做好服务，最终常常与顾客发生矛盾。

作为商家，应该多花时间给员工们加强培训，让他们掌握更多专业的服务知识和销售技能。比如，要确保销售员尊重顾客对商品的知情权，保证顾客在接受服务的过程中生命健康不会受到威胁以及财产不会遭受损失。

2.加强与消费者之间的联系。许多商家往往不知道如何做好与消费者之间的联系工作，实现这一点并不困难。

可以通过网络、客服等多种通信方式，加强与消费者之间的联系。在顾客购买商品的时候，做好相关信息的登记。

顾客在使用商品过程中出现问题时，能及时告知顾客技术维修部，确保消费者权益能够在第一时间得到保障。

3.加强产品服务说明。许多销售员在实际工作中，往往没有将商品解释清楚，顾客在购买商品的时候，对商品的性能、用途、保质期、售后服务等并不是很清楚。

为了让消费者能够更好地知悉商品，销售员在销售商品的时候，一定要加强产品服务方面的说明，充分保障消费者的知情权。

4.尊重消费者，诚信经营。随着现代商业竞争的日益激烈，有少数的商家在实际经营中常常采用欺诈的手段来欺骗消费者。

诚信经营是一个商家的基本素质，消费者会因为疏忽大意而上当受骗，但消费者也是有眼光的人。如果不诚信经营，你只会失去更多的顾客。

市场经济快速发展的同时，消费者权益保护越来越不容忽视。

在市场大环境下，不仅消费者个人要树立自我保护的意识，作为商家也要把消费者利益放在重要位置，保护好消费者权利，共同创造一个和谐的市场环境。

六、维护信誉，把产品质量放在第一位

在现实生活中，口碑好的商家，往往会把自己的产品质量放在第一位。产品质量好，用户用得放心，商家的生意才会越来越好。

然而有些不良商家，为了挣钱，却不顾质量问题，最后害得自己在质量上栽了大跟头，才知道后悔。

周楷买了新房，委托一家装修公司给自己的新房进行装修。当新房装修好后，周楷带着兴奋的心情搬进了新房。

没想到住进新房才一周，周楷发现家里房子的墙壁和地板竟然出现了裂痕。周楷打电话给装修公司的工作人员反映了这个情况，对方却说不关他们的事情。

对方说交房子的时候，房子是好的，说明没有质量问题，现在房子出现了问题，与他们无关。

于是周楷找了鉴定公司给房子的装修做了鉴定，得出的结论是装修公司的工作人员在装修的时候，偷工减料，使用劣质的材料装修，才导致的问题。

周楷记得，当初在房子装修的时候和装修公司写了委托装修合同书，合同上明确写了不准使用劣质材料的条款。

见沟通无果，周楷将装饰公司告上了法庭。经过调查发现，这家装修公司在市场上的口碑并不好。

之前，有用户也因为房子装修问题和这家公司打过官司。周楷知道这件事情后，很是后悔。

要是自己在装修房子的时候，能提前调查市场，做好充分的准备工作。自己的新房也就不会出现类似的问题了。

现实生活中，不顾产品质量，只想挣钱的商家有很多。他们没有重视自己的产品质量，以为可以以次充好，蒙混过关。

到最后只有吃了苦头，才知道后悔。殊不知，产品质量关系到你的信誉，如果你信誉都没有了，又有谁愿意相信你呢？

双十一晚上，葛清在网上购买了一个热水袋。买回家后，葛清发现热水袋根本就不能正常使用。

说明书上说，热水袋正常通电后，会亮红灯显示处于通电状态。但无论葛清如何操作，热水袋的灯一直不亮。

葛清于是找到客服说要退货，她本以为客服会不同意，至少也会找理由推迟一番。

没想到客服听完她的描述，亲切地对她说："亲，不好意思，给你带来不便了。你直接点申请退货，将你的淘宝用户名、手机号、订单寄回退货地址就好了。"

葛清按着上面的地址将热水袋寄了回去，两天后她果然收到了退款。

客服告诉她，他们家的所有商品支持7天无理由退货。只要顾客觉得不满意，或是有任何质量问题，都可以选择 7 天无理由退货。

没过几天，葛清收到了店老板免费送来的一个热水袋，老板说他们家的商品很少出现质量问题，为了表达歉意，才特意免费送的热水袋，希望葛清能继续支持他们家的店。

这让葛清很感动，以后只要有需要的东西，葛清都会先去这家店购买。随着购买的次数越多，葛清发现这家店的商品质量其实很好，有许多顾客用后都给了五星好评。

产品质量好的商品，会让人在使用的过程中感到放心。懂得维护信誉，把产品质量放在第一位的商家，是会做生意的人。

因为产品质量好，信誉高，他们经常有回头客，生意也因此越做越大。

生活中有许多无良商家，在做生意的时候，没有将产品质量严格把关，出现了质量问题后，能推就推，结果失去了顾客，生意越做越差。这只能怪他们没有重视顾客的需求，不知道顾客最在乎的就是买的产品，不能出现质量问题。

如果你花了钱，你买到了有质量问题的产品，你第一反应，也是会觉得很生气。作为商家，切不可因为产品质量问题，而失去了顾客的信任。

1. 好的产品才会吸引回头客。做生意的人都知道，回头客意味着什么。如果你做生意，顾客买了一次你的产品，发现了质量问题，那他下次肯定不会再来购买。

产品质量是商家的信誉，如果你连自己的信誉都不能维护好，凭什么得到顾客的青睐呢？

2. 不要想着以次充好，糊弄顾客。顾客需要什么产品，他自己心里最清楚。虽然你的产品以次充好，取得了顾客一次的信任。但顾客用了你的产品，知道了是伪劣产品，你的信誉只会一落千丈。

做出质量良好的产品，是商家的本分。不要抱着侥幸心理，用假产品欺骗顾客。一旦让顾客对你失去了信任，你将很难再次挽回顾客的信任。

3. 做好售后服务工作。商品卖出后，交易并没有结束。一些大型商品，比如：空调、洗衣机、电冰箱这些家用电器，是顾客花大价钱购买的，在后期使用中如果需要维修，他们希望能得到厂家的及时答复。

做好售后服务，是你赢得顾客信任的一个途径。许多商家格外重视售后服务的工作，你也不能将它落下。

4. 用良好口碑维护好信誉。有经验的商家都知道信誉的重要性，他们会用专业的服务给自己塑造良好的口碑。正如一句俗话所说："人无我有，人有我优，人优我廉。"

如果你想当一名好的商家，你可以从塑造好的口碑开始，比如用耐心的服务、优质的产品质量、贴心的礼物等方式。

好的信誉和你的产品质量分不开，好的口碑也是建立在产品质量上来的。信誉好，口碑自然能跟着好起来。

一个人的格局往往决定了他的出路，商家的信誉越好，出路才会越来越好。不要觉得产品质量无所谓而忽略了它。

　　你只有做好产品，让质量说话才能赢得顾客的心，你的生意才能越做越大。这是一个不争的事实。

七、患病辛苦，把病人诉求放在第一位

生病的人，心里会感到难受。在住院的时候，希望能够得到医生和护士们的贴心照顾。现实生活中，常常有医生没有将病人的诉求放在第一位，对病人的询问爱搭不理。

医患关系变得紧张，其中有很大的一部分原因是医生没有照顾好病人的诉求。

吃五谷杂粮的我们，难免会生病，需要去医院治疗。但如果一个人身体健康，是不会想着去医院的。

在大型医院，医生们通常很忙，他们很少有时间守候在病人身边。

病人想了解自己的病情，想要得到医生和护士的关心是件很困难的事情。导致病人在医院就诊期，常常会和医生发生矛盾。

有一次，吕凤觉得肚子不舒服，在朋友的搀扶下，吕凤来到了一家医院。经过一番检查，医生告诉她，她很有可能得了阑尾炎，具体的结果还没有出来，需要明天才能知道她的病情。

当晚，吕凤住进了医院。

接着，护士给她打了几瓶点滴。吕凤听说阑尾炎是需要做手

术的，一想到有可能要在医院动手术，吕凤就感到害怕。

她紧张地问护士："我如果真得了阑尾炎，必须要做手术吗？手术会不会有后遗症？"护士端着手里的医用盒，头也不回地说："我不知道，明天你自己问医生吧！"

吕凤觉得很生气："你是护士，难道连基本的医学知识都不知道吗？"护士没有回答她，直接走出了病房。

第二天，医生拿着检查结果，告诉吕凤她身体没事，回去多注意保养，正常饮食就好了。

吕凤问医生："那我是怎么回事，怎么会肚子痛呢？"医生不耐烦地说："你可能不小心吃了不干净的东西。"

听医生这么说，吕凤还是觉得有些不理解。当她还想继续问医生问题时，医生已经走出了房间。

吕凤这次生病，花掉了几百元，但是她却不知道自己的身体究竟出了什么问题。医生和护士没有给她合理的解释，她感到很不满。

一气之下，她去医院的投诉部，将接待她的医生和护士一起投诉了。

病人想了解自己的病情，是她应有的权利。如果医生和护士能够及时耐心地给病人讲解病情，让病人心中有数，病人内心将会感到温暖。

有一次，冉尧的父亲生病。

冉尧知道后，迅速将父亲带到了离家最近的一家小诊所治疗。父亲在诊所连续输了五天的液，却没有出现明显的效果。

父亲反而说他的头更加难受了。睡不好觉，也吃不下饭，父亲看起来越发苍老了。

冉尧找到医生问道："医生你好，请问我父亲输了几天的液，身体怎么还没有好呢？"

医生说："你父亲的嘴唇上有疱疹，需要连续输一段时间的液，至少两周才能好起来。"冉尧听完，继续问道："我父亲觉得头很痛，是怎么回事，需要治疗吗？"

医生不耐烦地回答："都给你讲了，他的症状过几天就会好的，你别老是问这么多问题。如果对治疗方法有疑问的话，你去大医院好了。"

冉尧没有和医生争吵，立即带着父亲到了省医学院。院里的医生耐心地给他解释了疱疹的相关知识。

医生对他说："疱疹是一种病毒，会引发大脑神经性头痛。你父亲的疱疹已经结痂，说明快好了。开一些药，回家后按时吃药，注意清淡饮食，就会痊愈的，你不用担心。"

冉尧接着又问了一些其他医学知识，医生都耐心地回答了他。最后医生给父亲开了一盒药，加上医药费和挂号费，冉尧一共花了不到 200 元。

然而在诊所治疗的五天，冉尧花了 5000 多元。在他询问父亲的病情过程中，医生的态度强硬，不愿做过多解释。

与之相比，省医学院却有明显的不同。不仅价格公正，医生们解释的时候态度还很友好，让病人觉得温暖。

经过这件事情后，冉尧对省医学院这样的大医院有了好感。有亲戚朋友生病了，他都会竭力推荐他们去大医院就诊，而不是小诊所。

作为一名医生，救死扶伤是你的职业要求。病人生病了，会希望得到医生们的专业治疗。在患病过程中，病人难免会关心自己的病情，希望得到医生们的耐心解释。

如果医生态度强硬，忽略了病人的诉求，对他们不予理睬，不仅不利于病人的康复，还会让病人对医生产生不良印象，甚至引发出严重的医患问题。

1. 及时回答病人的询问。由于医院的人流量多，医生和护士通常工作辛苦，但病人也不容易。病人在住院期间，如果护士能够及时回答病人的问题，热心地关心和帮助病人，病人们会感到温暖，从而更加积极配合医生的治疗。不要觉得自己很忙，就对病人不予理睬，这只会让病人感到不安及厌烦。

2. 公平对待每一位病人。外地人或者农村病人通常对医院看病的程序不清楚，他们挂号、检查、缴费、取药等程序上不理解。作为医生，要公平对待他们，应该要耐心地做好讲解服务工作。

让病人在医院就诊期间，轻松地就诊是医生们的工作，不要觉得这是一件小事就可以置之不理。

3. 树立"以病人为中心"的思想。当病人对自己的病情、治疗方法等方面有疑问的时候，医生要耐心地倾听病人的诉求，洞察病人的心理和需要，照顾好病人的内心感受。

病人来医院就诊，是希望得到治疗和康复的，而不是听人指责的。要懂得尊重病人、关爱病人，服务好病人。

医患关系说到底，与医生的态度有着很大关系。

古希腊希波克拉底说过：医生有两样东西可以治病，一是药物，二是语言。一名优秀的医生，懂得提高自己专业知识的同时，积极和顾客沟通，营造温馨的就医环境和和谐的医患关系。

第七章

善待缘分，做好恋爱婚姻中的重要事情

一、建立家庭，把责任放在第一位

为人子女，要照顾父母；为人父母，要养育小孩，这些都是各自的责任。

做一个有责任、有担当的人，才是值得尊重的人。无论做什么，你都要承担起属于你的责任。

建立一个家庭，更应该把责任放在第一位。

在谈恋爱期间，老公用一句"你负责貌美如花，我负责挣钱养家"打动了小洛的芳心。小洛心想，嫁给这么有责任心的男人，自己一定会很幸福。

两人结婚以后，生活过得并不幸福。老公嫌上班工资低，辞去了工作，每天在家抽烟喝酒，当起了无业游民。

后来，他们有了孩子，处处要用钱，在小洛的再三劝说下，老公才勉强去找了份工作。但照顾孩子的事情，全部落在了妻子小洛的身上。

有时候，小洛觉得累了，说了几句牢骚的话。老公便不耐烦地对小洛说："你觉得累，那就请个保姆。"

小洛生气地回道："就我们这经济收入，请保姆要花 2000

多元，我们请得起吗？"老公没有说话，继续打着他的游戏。

小洛觉得很委屈，自从结婚以后，老公没有下厨做过饭，家里买菜做饭，照顾孩子等大大小小的事情，都是她一个人在处理。

老公每天下班回家不是打游戏，就是直接去卧室睡觉。他除了将工资上交外，家里的其他事都不管。

有一天半夜，孩子感冒发烧了。小洛将老公叫醒，让他和自己一起送孩子去医院检查，结果老公说自己太困，转过身继续睡觉。

后来还是小洛自己一个人将孩子送到了医院。

小洛如今想起这件事就感到很伤心。

朋友们都替小洛感到不公平，说她的老公不负责任。孩子是夫妻两个人的，照顾孩子是两个人的责任，不应该只由小洛一个来承担。

对于朋友们的话，小洛只是摇头叹气。希望老公有一天能体谅自己的辛苦，帮忙照顾孩子，让他健康长大。

组建一个家庭是不容易的，夫妻双方要为了这个家共同努力，肩负起彼此的责任。这个家才能幸福美满。

钟铉结婚以后，变成了居家好男人，这让所有认识他的人都吃了一惊。因为在结婚以前，大家对钟铉的印象是好吃懒做，给人游手好闲的不良印象。

家里给他找了工作，他不去上班，整天在家啃老，不思进取。结婚以后，他像变了一个人似的。主动找爸妈借了一笔钱，开了一家店，做起了小生意。

为了能更好地经营小店，他会在店里和员工们一起勤奋工作。

很多次朋友们打电话，请他出去喝酒，他会直接拒绝，说自己要在店里做生意，没有时间出去。有了小孩以后，钟铉更是当起了奶爸。

每天给孩子换尿不湿，喂他吃饭，片刻也不离开孩子。朋友们都笑着说他已经浪子回头，当一个好爸爸了。

他笑着说："建立家庭不容易，我还得多努力。"平时有空的时候，钟铉买了一些亲子书籍，认真研究。

电视上播放教育孩子的相关视频时，他也会安静地将节目看完。对妻子，他更是百般宠爱。

每个月的收入，他会全部交给妻子，想买什么衣服，想去哪里旅游，都由妻子说了算。他们的小家庭在他的经营下，恩爱又和睦。

看着钟铉如今的变化，大家都感叹，他真的变成了一个负责任的，能为家庭撑起一片天的男人了。

把责任放在第一位并不是一件很困难的事情。比如说，为家庭能过上好的生活，去努力挣钱；为照顾孩子，学习相关的知识，这些都是有责任心的表现。

建立一个良好的家庭，是夫妻双方共同的责任。生活是很现实的，家庭的日常开支、孩子的成长问题、教育问题。父母的赡养问题，都需要夫妻双方认真考虑，负起自己的责任。

不要觉得这只是另一半的事情，与你无关。幸福的家庭之所以幸福，是因为家庭成员担起了各自肩负的责任，共同经营才能幸福。

1. 处理好家庭成员间的关系。家庭是一个整体，彼此共同生活在一个屋檐下，要做到和睦相处。如果是夫妻两人，要懂得彼此尊重，照顾好对方；如果是和父母一起居住，要对老人尊敬爱戴。

家庭成员间互相关心、互相照顾，和睦相处一家人才能开心生活。

2. 做好自己应尽的责任。照顾父母，养育子女，这是现代家庭中，夫妻必须要肩负起的责任。作为夫妻，只有照顾好父母，做好子女应尽的责任，给孩子树立榜样，等你老了孩子才会跟着孝敬好你。

当然，责任不是停留在嘴上，而是要通过实际行动去履行。

3. 不要遗忘了亲情。随着年龄的增长，做子女的会渐渐地和父母有代沟，会有无法共同交流的情况，甚至最后直接遗忘了亲情，把父母抛之脑后。

父母并不需要你能给他们多少回报，他们老了需要你能去照顾他们的衣食住行，这并不是过分的要求。你也会有老的一天，不要嫌弃父母的啰唆，嫌弃他们与时代的脱轨。

子女尽孝是做子女的本分，有空多去照顾父母，别让他们孤苦无依。

4. 多举行亲人间的活动。在你有空的时候，带着你的妻子、父母还有小孩，多参加一些活动，比如旅游、看电影、聚餐等活动。

陪伴是最深情的告白，多举行这类活动，能加强你们之间的交流。即使你们什么话也不说，只要一家人在一起也是种幸福。

人生是一个大舞台，在亲人之间我们会扮演不同的角色，不管你是父亲、母亲，丈夫、妻子……每个角色都有着自己的职责和义务。

如果你已经建立了家庭，就请记住把责任放在第一位，一家人和睦相处，在岁月的见证下越过越好。

二、停止争吵，把宽容放在第一位

两个人在一起，发生争吵是难免的事情。但争吵并不能解决根本问题，只有试着停下来，宽容对方，给彼此一个台阶下，将大事化小，小事化无，问题才能得到妥善解决。

成熟的人，是善于解决问题而不是制造问题的人。

王瑜和男友徐坤是经人介绍认识的。

最近王瑜越来越觉得男友徐坤变了，他总是为了一点儿小事就和自己吵架。他们刚认识的时候，徐坤谦和有礼，给自己留下了良好的印象。

但接触久了，王瑜发现徐坤这个人特别小气。之前的谦和有礼，只是在她面前的故意伪装。

有一次，王瑜和男友去电影院看电影。王瑜问男友要看什么电影，男友说什么都可以，让王瑜自己决定就好。

等王瑜买好了电影票，拉着男友准备坐电梯去影厅等候入场时，男友突然拿过她手中的电影票，发现他们即将看的电影正好是自己不喜欢的，男友顿时就火了："谁叫你买这种寻亲类的电影的，你不知道这样的电影很无聊吗？"

王瑜吓了一跳，她反驳道："不是你说由我选吗？这部电影网上评论说挺好看的。"

男友看了看她，转身就走了。同时还回了句："要看你自己看去吧，我要回家了。"王瑜没想到男友会如此生气，她赶紧追上去向男友道歉。

结果男友没有原谅她，反而因这件事情和她吵了很久。原本想着和男友换部电影看，被男友这么一恼，王瑜也生气了，他们俩谁也没理谁，分别打车回了各自的家。

他们冷战了一周，才约好重新在一起吃饭。

王瑜以为男友的心情好了，没想到男友吃完饭，却向王瑜提出了分手，他说他们不合适，不如早点结束。

王瑜没有犹豫，点头答应了。从他们认识到分手，只维持了两个月。这让王瑜想起来就有些难过，自己是珍惜这份感情的，可男友却不这么想。

两个人能认识，是一种缘分。

如果为了一点儿小事，就闹矛盾说分手，是一种幼稚的行为。有时候试着放下自我，宽容对方，你会发现事情并没有什么大不了，不值得你为之生气。

王恩和女友龙敏在一起谈了两年的恋爱，终于修成正果，走入了婚姻的殿堂。

结婚以后，王恩经常和龙敏发生争吵大战。

有一次，龙敏抱怨说王恩不爱干净，衣服裤子总是乱扔，王恩听后立刻瞪着一双凶狠的眼睛看她。

瞬间，房间燃起了烟火味。

"你什么意思，难道你还要限制我的人身自由吗？"

"我是你的妻子，我就不能管你了吗？"

刚好这一幕被王恩的父母看到，于是父母给王恩做起了思想工作。

父母对他说："你是一个男子汉，作为丈夫，不要和妻子吵架，有什么话好好说不行吗？如果你觉得不能和妻子和平相处，那你们离婚好了。"

说到离婚，王恩突然想起了龙敏的好。就在他想要改变自己，想和龙敏好好生活的时候，龙敏去法院提出了离婚。

在王恩再三恳求，说给他最后一次机会的时候。龙敏才撤销了离婚诉讼，答应给王恩一次机会。

相爱容易，相处不易。既然两个人结了婚，要开始婚姻后的生活。那就要做好准备，夫妻间愉快相处，不要为了一点儿小事而发生争吵。

我们在与另一半发生矛盾的时候，不要去计较谁对谁错，非得要在口头上争论清楚，即使你争赢了，你也输了感情。

有这个时间，你还不如好好思考你们之间究竟发生了什么问题。争吵的时候，先停下米，懂得宽容对方，主动认错的人才是赢家。

1.没有什么是道歉解决不了的。学会放下自己的面子，在与另一半发生矛盾的时候，主动停下来向对方道歉，请求对方的原谅。

如果你不肯认错，要和对方争论不休，不仅伤了彼此的和气，也会对你们之间的感情产生很大的伤害。不如等双方冷静后，找一个合适的机会，用双方都能接受的方式将它沟通清楚。

2. 不要斤斤计较，挑剔对方。许多情侣之所以常常会发生争吵的事情，往往是看问题过于片面，喜欢挑剔对方的毛病，抓住不放，希望对方能向自己认错。

有些争吵只是误会一场，大家说清楚了也就没有问题了。但如果你非得斤斤计较，挑对方的各种毛病，你们之间再好的感情，也会被磨灭。

学会宽容对方，给彼此一个缓和的机会。

3. 尊重对方，不替对方做主。情侣也好，夫妻也罢，都有各自的性格特点。相处久了你会站在自己的立场上去帮助对方做决定，但你却不知道对方是不是和自己想的一样，最好不要过于坚持自己的看法。比如买衣服这样的事。

"己所不欲，勿施于人。"虽然你是出于好意，但对方有自己的选择权。你要懂得尊重对方，给他自由选择的权利，而不是凡事都要为对方做主，干预对方的选择。

4. 没有绝对的是非观念。在夫妻之间，没有绝对的谁对谁错。一件事情有不同意见，双方可以坐下来友好交谈。

不要为了一点儿小事，就争吵不休。从某种角度上来看，你的想法是对的，但从另一种角度看另一半的观点不一定不对。

你们要在一起生活一辈子，完全可以求同存异，和平相处。千万不要为了一个是非观念就闹得双方不愉快。

特别的缘分，让两个相爱的人相聚在一起。为了这份难得的缘分，你要好好珍惜，把宽容放在第一位，让对方感受到你的爱，珍惜你的好。

三、友好相处，把尊重放在第一位

恋人之间，尊重彼此是最基本的要求。许多恋人常常因为不懂得尊重对方，让对方感觉难过，导致最后对方以分手来结束恋情，让原本甜蜜的感情瞬间销毁。

如果你想和恋人友好相处，那就请你把尊重放在第一位。

安娇和男朋友从小一起长大，毕业于同一所大学，大家都说他们是郎才女貌的一对佳人，期待着能早日喝到他们的喜酒。

可两人确定关系后，相处不到半年，安娇突然在朋友圈宣布和男友分手了。

原来，让安娇下定决心和男友分手的原因，是男友多次不尊重她，让她觉得自己和男友相处起来，很没有安全感。

每次安娇和闺密们聚会，男友要求安娇必须每隔十分钟发定位或者是拍一段视频。即使安娇已经强调自己是在和从小玩到大的闺密们聚会，她很安全。但男友就是不放心，非得要随时了解她在干吗才放心。

安娇和男友在一起的时候，如果遇到了异性的男生，男友也不准她和他们打招呼。

男友还经常看安娇的手机相册、短信、朋友圈等信息，这让安娇觉得很难过。她再三保证，说和男友是真心相爱，请男友给她个人的空间，这是对恋人最基本的尊重。

男友听了无动于衷，仍然坚持要控制着安娇的个人生活。安娇想：现在还没有结婚，男友就这样管着自己，那结婚了岂不是更严重？

有一次，安娇和几个男同事因为工作的问题，在一家咖啡厅聊天。

安娇和同事们正谈着话，偶然路过的男友见了，气势汹汹地冲进来，不由分说就将安娇带了出去。

无论安娇如何解释，男友不愿听她说话。安娇忍无可忍，终于和男友提出了分手。

尊重别人，意味着尊重一个人的个人空间。爱一个人，是希望她开心幸福，而不是大男子主义将她看得死死的，禁止她接触别人，这样只会让她感到你的霸道和蛮不讲理。

人们常说，不是冤家不聚头。

陈丽和男友认识有一年多了，他们在一起时，总是会吵架。他们吵架的原因往往都是鸡毛蒜皮的小事。

陈丽在一家医院当护士，是一名专科生。而男友毕业于重点大学，是一名本科生。

当初，男友死心塌地追自己，说看中的是陈丽的人品，他不会在乎陈丽的学历问题。然而相处久了，男友却总爱拿陈丽的学历来说事。

有时候，陈丽正在和朋友们聊天，男友会突然站出来说："你只是一个专科生，就不要乱说了。"

陈丽被男友这么一说，尴尬地站在一旁不知说什么好，聊天的气氛一下子变得紧张起来。

私底下，陈丽和男友讨论过这个问题，公众场合要给自己留点颜面，即使自己有说得不对的地方，可以委婉地指出来。

男友没有听进去，还是想到什么就说什么。次数多了以后，陈丽便很少带男友出去参加朋友们的聚会。

有一次，陈丽和男友一起看古装电视剧，说到了清朝服装的问题。没想到男友直接和她吵了起来："你懂什么呀？你不过就是个专科生而已。"

陈丽忍无可忍，终于向男友提出了分手。学历只是代表一个人在大学阶段的知识程度，并不代表其他方面的能力。

而男友无论在公开场合还是在私底下，都拿陈丽的学历说事，觉得自己学历高就很了不起，这让陈丽觉得和男友越来越没有共同话题。

朋友们劝陈丽不要和男友分手，但陈丽没有犹豫，最后还是和男友和平分手了。

恋人之间彼此尊重，彼此相爱。这样的关系才会维持很久，如果恋人中有一方总是不懂得尊重对方，喜欢将自己的标准强加给对方，再好的关系，也会出现裂痕。

要想和恋人友好相处，你就要懂得把尊重放在第一位。尊重另一半有许多内容，最常见的有以下几点。

1. 不要干预对方的个人生活。你们是情侣，还不是夫妻。在恋爱阶段，女友想去见谁，都是她的自由，如果你非要以爱的名义来干预她的生活，只会让她觉得你是个小气，心胸狭窄的人。

不用担心女友对你的爱意是否有变化，你要担心的是怎么向她表达你的爱意，让她知道你在爱着她，希望她能幸福。你足够优秀，女友自然会选择你。

2. 不要总是打击对方。说伤人的话，会给人内心深处留下伤痕。情侣之间说话要注意分寸，不要打击对方身高不高，外貌不美，学历不高。

也许你只是有口无心随意说说，但次数多了会让另一半觉得你是对她感到不满，从而怀疑你不接纳她，对你们之间的感情产生不利影响。

说话前想清楚了再说，尤其是打击对方的话尽量别说。

3. 不要在公众场合发脾气。在和恋人相处的时候，要懂得尊重对方的内心感受。不管你有多大的怒气，都不要轻易当众对恋人发火。

当着众人的面向恋人发火，会让恋人在众人面前难堪，你自己的个人形象也会一落千丈。给恋人留颜面，就是给你自己留颜面。

4. 不要命令另一半。恋人之间大家都是平等的身份，不存在职场上老板和员工的关系。你有什么事情想说，直接给恋人说清楚就好。

但请不要用高高在上的语气去命令她，让她必须按你的指令去做事，这会让她觉得你霸道又不懂得尊重别人。你们之间的关系也会因为你的命令而蒙上一层阴影，甚至威胁到你们之间的关系。

有生命力的感情，从来都不是相互制约，而是相互吸引，相互促进。恋人之间彼此尊重，共同成长，你们的爱情之花才会健康成长，开花结果。

四、珍惜感情，把信任放在第一位

多一份信任，少一份争吵。恋爱才有可能甜蜜，恋爱中的人要彼此信任，也要时刻为对方着想。只有这样，两个人的感情才能细水长流。

有网友说，在感情中最怕的就是一方真诚相爱，另一方却在怀疑你对他的爱。你以为你爱对了人，到最后才知道你只是自欺欺人而已。

唐菊在微信朋友圈发了一条说说："爱你，花光了我所有的勇气。"我们知道，最近唐菊失恋了，心情不好。

但说起唐菊的爱情故事，还是会让人唏嘘不已。

唐菊和男友是异地恋，他们恋爱了三年。到最后，唐菊才发现，男友一直在骗自己，男友从来没有爱过她。

这让唐菊想了很久也没有想明白，曾经男友对自己山盟海誓，说要一辈子对自己好。有很多次，男友会在网上给自己点外卖，买生日礼物。

男友会坐 20 多个小时的火车来看自己，还说已经准备好了到自己住的城市来工作定居。

直到上周，唐菊打男友的电话一直关机，QQ和微信也联系不上。后来男友主动打电话过来说："家里安排好了相亲，下个月就结婚，我们是不可能的，以后不要联系了，再见！"

听男友这么说，唐菊瞬间哭花了脸，"难道你之前对我的爱，都是假的吗？"男友沉默了一会儿，回答说："我们这三年的异地恋，我从来没有相信过你，对你的感情也只是逢场作戏而已！"

这三年里，他们每年见面的次数不多，唐菊以为男友是真心爱自己的，可这三年里，男友竟然不相信自己对他的爱？

唐菊渐渐地明白了过来，她和男友毕竟不在一个城市，男友在过着什么样的生活，唐菊知道的很少。同样的，男友也会这样想。也难怪他们之间的爱情，最后以失败告终。

其实，大家都有劝过唐菊，说异地恋不现实，请她趁早放弃。你根本就不知道异地恋的他是否在和别的女生一起，可唐菊固执地坚信，男友只爱自己一个人。

再后来，唐菊看到了男友的婚纱照。她终于相信了，男友要和另外一个人在一起生活了。她知道这个消息后，消沉了好一阵子。在爱情中，信任是两个人相爱的基础。你们的承诺也好，你们对未来的计划也好，只有彼此信任，你们的感情才能得到长期的维系。

李倩和男友柯龙在一起常常闹矛盾，他们分分合合了许多次。

刚开始，李倩觉得柯龙长相帅气，又有才华，主动追的他。但在一起之后，李倩总感觉柯龙这个人不是她心目中的白马王子。

他们在一起的时候，总是为了一点儿小事吵架。之后李倩会关掉手机，谁也联系不上她。过了许多天，她又主动出现了。

男友问她："你到底还爱不爱我，如果不爱就直说。不要动不动就玩失踪！"李倩听后回答："那你还爱我吗？我失踪了你也不来找我。"

"要怎么找你，你把所有人都拉黑了，你的朋友们都联系不上你。"男友委屈地说道。之后李倩会解释说自己心情不好，想一个人静静，于是拉黑了所有人，但她是爱男友的。

解释清楚后，他们相处一段时间，矛盾继续上演。不是吵架闹分手，就是李倩继续玩失踪。男友知道找不到她，也放弃了寻找。

但每次就在男友已经决定放弃的时候，李倩又主动回来了。她道歉、自责，想尽一切办法要挽回男友的心。

一次又一次信任女友，一次又一次被女友欺骗。这段感情，断断续续维持了半年，男友每次想起来都觉得备受煎熬。

最后他们还是分手了，虽然女友也苦苦哀求自己。但柯龙下定了决心，不想继续再被女友这样骗下去了。

感情中最怕的，就是动不动说分手、相互猜疑、玩失踪这些行为。虽然你能让另一半相信你，但他的信任并不是你可以随意践踏的。

好好相爱，好好在一起。比欺骗感情，要好很多。

不管是女人还是男人，都需要学会珍惜彼此的感情，将对方的信任放在心上。不要辜负了恋人对你的信任，对你的信任一旦没了，你们的感情也就危险了。

如果你想拥有一段美好的感情，那就请你呵护好恋人，把坦诚放在第一位。

1. 不要拿对方的信任来欺骗对方。恋人对你信任，那是爱你的表现。你要对得起恋人的这份信任，用实际行动告诉她，你不会辜负她的信任。

从小的方面来说，不轻易许诺，许下的诺言一定要说到做到；从大的方面来说，要控制自己的言行，让另一半放心除了她你不会再爱别人。

2. 给彼此更多的私人空间。两个人相爱了，不一定意味着你就没有了自己的私人空间。成熟的恋人，会尊重对方的私人空间。

允许对方有正常的小隐私，允许对方和朋友间的正常交往。好的爱情不是束缚一个人，而是鼓励两个人既能充分享受爱情，又能彼此尊重共同成长。

3. 平时保持交流互动的习惯。在恋人相处的过程中，会出现工作忙不能在一起的时候。但你不能因为忙，就忽略了对恋人的关心。

在有空的时候，你可以给恋人打个电话问候她一声，或者关注她的微信、QQ动态，与她多互动。

感情最怕的是，你冷落了对方，对方也渐渐冷落了你，你们的关系最后变得生疏起来。到最后一个不知道怎么去爱了，一个对爱已经无能为力了。

避免出现这个结果的方法就是要彼此抽出时间，多交流互动，把对方放在心上。

4. 不要总是撒谎找借口。对于恋人之间，有误会、有摩擦是很正常的事情，两个人的感情也只会在摩擦和误会中得到加强。

但发生摩擦和误会的时候，你要拿出良好的姿态去主动解决好你们之间的矛盾。不要想着撒谎、找借口这样的方式为自己推托，该你道歉的你必须要懂得立即道歉，你们的感情才不会出现危机。

恋爱中的情侣最重要的就是彼此信任，将对方的信任放在第一位，在时间的见证下，双方的感情才会越来越稳固。

五、恋爱不易，把维护关系放在第一位

两个人建立一段感情，是来之不易的缘分。相爱不易，且行且珍惜。然而，现实生活中有太多的恋人却因为不懂得维护好彼此的关系，最终落得分道扬镳的结局。

时间不等人，当感情还在的时候，你不知道好好维护，当感情走了你再想挽救，也已经晚了。

于莉和王宇的这段恋情，波澜起伏，他们之间发生了太多的故事，让朋友们都为他们感到揪心。到最后，他们还是没能在一起。

于莉和王宇在一次聚会上认识，经过短暂的交流后，他们迅速确定了恋爱关系。刚开始相处的时候，他们的关系还算甜蜜。

时间一久，于莉的毛病就露出来了。她常常会在半夜叫醒王宇，让他去给自己买夜宵吃，如果王宇不去买，她就大发脾气，说他不爱自己了。

类似这样的事情有很多，只要王宇不满足于莉的要求，轻则她会说王宇不爱自己了，重则就分手冷战，并且持续好几天，这

让王宇觉得很是抓狂。

有一次，于莉打电话给王宇，问他："亲爱的，今天是什么日子，你知道吗？"王宇想了半天没有回答出来。这下子，于莉生气了，直接挂掉了王宇的电话。当王宇回到家后，于莉把屋里很多东西都砸碎了，她指着王宇的鼻子说："今天是我们的恋爱一周年纪念日，你居然忘记了，说明你不爱我了，我活着还有什么意思？"

王宇被于莉弄得哭笑不得，他知道网上有求生存游戏。恋人之间为了考验对方是否爱自己，问一些奇葩的问题，如果不能正确回答，恋人就分手。

但于莉这样的行为，让王宇无法再继续忍受，越来越觉得和于莉在一起是一种折磨。

最终，他们选择了和平分手。

两个人能走在一起，是一种缘分。爱有很多种表达方式，但绝不是以偏激的方式来博取对方的关注。

你爱对方，就好好说出来。如果不爱，你大可以说分手。但请不要拿着爱的名义去做出伤害对方的事情。

杨松是朋友们公认的暖男，他和田颖的甜蜜爱情，让我们所有人见了都感到羡慕。杨松说，女友是他的公主，他必须要小心呵护。

是的，杨松特别呵护女友。

在他们刚认识的时候，女友也常常和杨松吵架。起初，杨松觉得女友很过分。当杨松知道女友从小和妈妈一起长大，小时候吃了太多苦后，杨松对女友的态度有了很大的改变。

每次过十字路口时，杨松会牵着女友的手，等红灯停了再一起过马路。如果路上有水或是不方便行走，杨松会直接背起女友，从另一边绕路走。

有时候，杨松无故被女友指责。杨松不会为自己争辩，他会耐心听完女友的话，走到女友身边说："对不起，亲爱的，我错了。"

当女友没有接受他的道歉，忍不住继续说他的时候，他会拿零食放到女友面前："亲爱的，你可能说累了，吃点东西再说吧！"

女友瞬间被他的话给逗笑了，不满的话也忘到了九霄云外。

有一次，杨松参加朋友们的聚会，他把女友也一起带了去。在聚会的时候，他会把好吃的零食放到女友面前。

随时看着女友，只要女友有吩咐，一定会听从安排。当然，女友对杨松也很好。会做好饭菜，送到杨松的办公室；会在雨天把雨伞送到他手里。

只要他们在一起，周围的时光仿佛停止了一般。他们的脸上总是洋溢着幸福而满足的笑容，我们都被他们的爱情打动了。

他们却说，他们之所以能相处融洽，是因为他们懂得替对方着想，维护好他们的爱情。

你把我的感情捧在手心，我自然也会把你的感情捧在我的手心。恋爱是相互的，它需要两个人来共同成全。

在爱的时候，你要先问自己，能给对方什么，而不是向对方要什么。

珍惜来之不易的爱情，当有一天回想时，你会发现它温暖了你的生命。不要等着感情不再了，才知道后悔。

从现在起，把另一半放在心里，好好呵护他（她），将你们的感情呵护好，你才会有甜蜜的爱情。

1. 不要无理取闹，胡搅蛮缠。生活中有许多恋人在相爱的时候，明明很爱对方，为了获得对方的关注，或者是故意考验对方，往往采取无理取闹、胡搅蛮缠的方式吸引另一半的注意。

你明知道对方爱你，却故意考验他，你这是在为你们的感情设置障碍，如果你没有安全感，你可以和另一半坦白，让对方多关注你，而不能这样折磨自己也折磨对方。

2. 最好的爱是给予和被接受。不要想着用自己的方式去强迫另一半接受你的观点和爱，如果对方不接受，对他来说只会变成束缚。

在平时的相处过程中，你们应该多坦诚交流，懂得尊重对方，不替对方做决定，在她身边一直鼓励、支持她，让她感受到你的爱和关怀就好。

3. 主动认错，做一个贴心的爱人。发生矛盾的时候，恋爱中的一方只要有人肯愿意主动认错，争吵会瞬间停下来。

主动认错，不会让你损失什么，但却能让另一半知道你是个有担当，懂得呵护和疼她的人。这对你们爱情的关系，起着重要的作用。

4. 别动不动说分手。一吵架就说分手的情侣，是不理智对待感情的人。有不顺心的事情，你们可以把问题说清楚。

留着问题不解决，分手了又复合，破镜重圆后的你们问题依然存在。与其这样，不如一开始就重视你们之间的问题，将它彻底理清。

　　维持一段长久的恋爱关系，需要你们双方共同来努力。在爱情中多包容，多考虑对方，把维护关系放在第一位，你们的关系才会稳固。

六、缘分可贵，把真诚相待放在第一位

随着社会的发展，社交软件的发明，认识一个人变得容易了起来，许多人开始把感情当游戏，不真诚对待另一半。

一段关系能坚持多久，与你是否真诚相待另一半有很大的关系。缘分来之不易，两个人相处，要把真诚放在第一位。

诗人席慕蓉曾经在一首诗里写过这样的句子：在年轻的时候，如果你爱上了一个人，请你，请你一定要温柔地对待他。

从这些句子里，我们能够看出诗人对爱情的珍惜之情。现实生活中，许多人不把感情当一回事，认为感情只是一场游戏。

这样的恋爱观是不正确的观念。

马娟和陈翔在一次聚会上认识，马娟被陈翔高大英俊帅气的外貌吸引，短暂的接触之后，马娟发现陈翔这人幽默开朗，是她心目中的白马王子。

很快，他们确定了男女关系。在一起一年后，马娟向陈翔提出了结婚的请求。陈翔突然紧张了起来，他对马娟解释说："我并没有想过要和你结婚，我们只是普通的恋人。"

马娟很疑惑地问道："你不是很爱我吗？我们是恋人，难道

你不希望我们成为夫妻吗？"陈翔摇了摇头，他说他其实并不爱马娟，他只是想和马娟相处一段时间而已。

听到心爱的男友这样回答自己，马娟愣在原地，很久没有恢复过来。

她问男友："是不是你从一开始就不是真心和我在一起的，你在骗我？"陈翔思考了一会儿，回答说："是的，我骗了你。你忘了我吧！"

说完，陈翔转身离开。难怪这一年来，男友从来没有带自己去过他的家里，他也从来没有说过结婚方面的话题。

马娟这下彻底明白过来，她和男友在一起就是一个错误。她还一厢情愿地相信男友是真心爱自己，原来是自己骗自己。

在与恋人相处的时候，如果你不爱对方请直接说明。不要等到对方开口问了，你才告诉对方，这会深深伤害对方爱你的心。

生活中，有些恋人一旦相爱了就会永远相爱，无论发生了什么事情，都不会更改当初的决定。他们将彼此的爱记在心里，珍惜着彼此的缘分。

就如周颖和男友的故事一样。

周颖和男友恋爱了六年，现在他们终于结婚了。对于他们这段婚姻，所有人都表示了衷心的祝福。

男友两年前因为一场车祸，摔断了腿，并且失去了左脚。男友以为周颖会抛弃自己，没想到住院期间，周颖一直在他身边照顾他。

男友说自己是个废人了，给不了周颖幸福的生活，想要让周颖主动放弃自己。周颖听后，堵住男友的嘴说："我是不会放弃你的，我要和你结婚，以后我来养你。"

出院后，周颖搀扶着男友走路，帮他树立自信，和他一起面对生活上的困难。有时候，面对路人异样的眼光，周颖也毫不畏惧。

在结婚现场，婚礼主持人问周颖，为什么会坚持选择男友当自己的另一半而不是别人。周颖笑着回答："因为他是我最爱的人，无论他变成什么样，我都会永远爱他。"

结婚后，周颖和男友的生活过得很幸福。他们在家门口开了一家服装店，为了生活共同努力着。

他们很少吵架，也很少闹矛盾，让人见了无不羡慕万分。

人与人之间的缘分，是说不清道不明的。两个人能相识相恋，最后相爱一生，靠的是彼此真诚相待。

你不把感情当游戏，认真对待一份感情，你才能收获真情。

不要欺骗别人，觉得自己很高明，能骗过所有人。你游戏感情，最后只会被感情游戏。真诚相待另一半，另一半才会真诚对你。

无论你们相处多久，请善待这份缘分。不要利用别人的感情，做出伤害对方，让她痛苦的事情。

1. 对另一半保持忠诚。无论是走入婚姻还是恋爱的两个人，都希望另一半能对自己忠诚。忠诚意味着责任和托付，是一个人对另一个人爱意的表现。

如果你喜欢一个人，就请对她忠诚。你们之间的关系才能得以维系，不要拿着爱情的名义去欺骗对方，相互忠诚，共同面对人生的难题，你们的关系才会更加牢靠。

2. 你可以有自己的私人空间，但不要欺骗对方。纸包不住火，不要想着耍小聪明，明明不爱对方了却欺骗对方。你可以有自己的小秘密，但你也不能做出危及你们婚姻或者爱情的事情。比如有第三者这类原则性问题。

不爱了，你可以直接告诉对方，好好结束你们之间的感情，而不是隐瞒和欺骗。这样会让另一半更加伤心。

3. 照顾好对方，给她足够的安全感。最好的爱情和婚姻是你们之间能相互提升，共同成长。但在相处的过程中，你要照顾好对方，给她足够的安全感。

无论你多忙，你都要抽出时间和另一半聊聊天，倾听对方的烦恼，让对方感觉到你的爱意，你的热情。让对方明白：尽管时间在流逝，但你对她的感情始终没有变化，你一直把她记在心里。

4. 遵循内心的选择，不要为了结婚而结婚。结婚，意味着你要组建一个家庭，要承担起家庭的责任。在结婚之前，你要做好慎重思考，不要想着周围的人都结婚了你也想要结婚。

等结婚了，你才发现你还没有做好准备，或者你突然发现另一半不是你心目中的最佳选择。

没有做好充分准备就结婚，是对自己的不负责，更是对另一半的不负责。婚姻关系到你的一生，你不能草率处理。

在爱情和婚姻中，真诚相待，把对方放在心里，无论你们最终会走到哪一步，回忆起来也会是美好的回忆。只有真诚相待，你们的关系才有可能开出和谐的幸福之花。

七、生活现实，把经济放在第一位

走入婚姻后，你会面临柴米油盐酱醋茶的困扰，曾经的一切浪漫在现实的考验下，渐渐消失。生活是现实的，居家生活离不开经济，不要想着没有钱，你的生活也会很好。

许多夫妻发生矛盾，与经济有很大的关系。作为婚姻主角的你，要努力赚钱，把经济放在第一位。

曾经在一档综艺节目中，有个女嘉宾说了这样的话："宁愿坐在宝马车里哭，也不愿坐在单车上笑。"

这句话一说出口，迅速成了网络热话题，在各大新闻媒体上流传。有许多观众指责女嘉宾是个看重钱的"拜金女"，掀起了一片骂潮。

然而在现实生活中，有许多女生在选择另一半时，会格外看重男方的经济实力。在其他条件相同的情况下，有钱的男生会更受她们青睐。

朱敏在结婚以前，是一名都市白领，在写字楼上班，领着高工资。结婚以后，为了照顾好家庭，她主动辞去了工作。

朱敏的老公开有一家公司，公司的收入不错，是一个让人羡慕的小老板。在最初的几年，朱敏的婚姻生活还算甜蜜，自从孩子出生后，生活突然发生了改变。

老公经常夜不归宿，对朱敏忽冷忽热，每次回到家，带着满身的酒气。朱敏想要和老公交流，老公推说应酬太累了，要卧床休息。

后来，老公和朱敏吵架，说她头发长见识短。再后来，老公的公司倒闭了，就整天在家喝酒。

每次朱敏和他说话，老公都骂她，说："谁叫你当初不上班的，如果你还在上班，现在也能帮助我，至少也能贴补家用。"

当朱敏第二天要去找工作的时候，老公竟然将离婚协议书送到了法院，理由是夫妻感情不和。

这让朱敏怎么想也没有想通，自己为了家庭，才放弃了工作。早知道这样，当初自己一定会坚持上班。你不上班，依靠老公一个人的收入。在他经济好的时候，可能问题不是很明显。但当他经济变动，出现经济危机的时候，家庭的生活也将会笼罩上一团乌云。

王皓是一家公司的仓库保管员，虽然他每天看起来乐观开朗，但是内心却并不开心，在结婚以前，他原本以为和自己心爱的女生走入婚姻后会永远幸福。

可结婚才三个月，他们就常常为了经济方面的问题吵架。

王皓每个月的工资不高，也就2000多元。妻子在一家公司当会计，每个月工资3000多元。

刚开始的几个月，他们花钱如流水。去外地旅游、每天下馆子吃饭。到了月底，他们才发现自己变成了"月光族"，不得不找家里借钱。

多次后，妻子和王皓吵架："你这人真没用，每个月的工资才2000多元，都养不活我，以后我们有了小孩怎么办？"

王皓说自己会努力挣钱，请妻子给他一些时间。然而，他们还是会每隔几天上演争吵大战。

妻子喜欢每个月发了工资，去市里的服装店买几件衣服。王皓劝妻子少买些衣服，妻子听了大吼："你凭什么管我，我又没用你的钱！"王皓也不甘示弱："你是我老婆，我们的钱属于共同财产，我当然有权利管你。"

还没等王皓反应过来，妻子就生气地拿起包回了娘家，隔了许多天也没有回来。

王皓也觉得很生气，他坚持要和妻子离婚。经过亲戚们的一番劝解，他们才勉强答应先继续生活一段时间，实在过不下去了，再选择离婚。

当下的许多年轻人，把婚姻当儿戏。认为婚姻是浪漫美好的，现实也会是浪漫美好的。在考虑结婚成家的时候，没有慎重思考过经济问题。

等到结婚了，才发现生活处处需要用钱。当初说要照顾好妻子的生活，让她在家当全职太太。结婚后才发现，生活处处和金钱有关，日子过得捉襟见肘。

生活是现实的，如果你一旦成了家，就要学会为家庭考虑，把经济放在第一位，承担起你该承担的责任。

如果在结婚前，你就知道生活是现实的，要把经济放在第一位。为了撑起家庭，你和另一半一起工作，为生活打拼，你们的婚姻关系才会更加牢靠。

1. 自己要有一份稳定的工作。无论你是男人还是女人，你都要有一份稳定的工作，这样起码能保证你可以过好你的生活。

不要想着结婚后，就放弃工作，经济方面依赖另一半。如果你自己的经济条件不好，离开了另一半，你都不能保证自己的生活，那你为什么要放弃自己的工作呢？

2. 有经济基础，才能更好地生活。在婚姻中，如果没有基本的经济条件，就无法保障好的生活。

现实生活中柴米油盐酱醋茶、孩子的教育问题、生活的开支问题、生病就医等问题处处需要用钱，没有经济做保障，你的生活就陷入困境。

3. 学会投资理财。当你手里有钱后，不要只想着眼前的利益，你要学会理财投资，等将来需要用钱的时候，你不至于向别人求助。

将钱存入银行还是购买股票？投资理财的方式有很多种，做好充分的调查研究，选一个自己觉得最安全稳妥的办法，让自己的钱获得更多的收益。

4. 协商好经济问题。在婚姻中，许多夫妻之所以吵架，往往不是因为婚姻出现了重大的原则性问题，而是和经济有关的问题没协商好。面对经济问题，最好的方式是协商解决。

房子写谁的名字？孩子教育问题如何安排？类似这样的问题，只要夫妻两人能开诚布公地坐下来，协商解决好，两人也不会为了这样的事情伤了和气，发生争吵。

俗话说："贫贱夫妻百事哀。"

日常生活中，感情再好的夫妻也可能会为了经济问题而争吵，如果夫妻两人能在日常生活之中将经济问题处理好，达成一致的观念，生活才会更加幸福。